우리 강·호수
민물고기 도감

장호일 엮음

21세기사

머리말

민물고기란?

바닷물이 아닌 물(염수가 아닌 담수)를 말하는 것이며 민물에 살고 있는 물고기를 말한다. 민물고기는 1차 담수어와 2차 담수어로 나뉘어질 수 있는데, 1차 담수어라 하는것은 민물에서 태어나 민물에서만 살아나가는 보통의 순수한 민물고기를 말하며, 2차 담수어는 민물과 바닷물을 왕래 하며 사는 물고기를 말하며 이를 기수어라 불린다. 알을 낳기 위해 강으로부터 바다로 이주하는 뱀장어 같은 물고기를 강하성 물고기라고 하고 반대로 대부분 바다에서 성장하다가 알을 낳기 위해 강을 거슬러 올라오는 물고기들이 있는데 이런 물고기들을 소화성 물고기라고 하며 대표적인 것으로 연어, 칠성장어 등이 있다. 1차담수어를 계류성 물고기라고 하며 2차 담수어를 회유성 물고기라고도 한다.

민물고기와 바닷물고기의 가장 큰 차이점은 체액(몸속에 들어 있는 물)의 조절 방법이다. 민물고기는 민물보다 체액의 농도가 더 높다. 즉, 민물보다 피가 더 진하기 때문에 삼투압 현상으로 물이 계속 민물고기 몸속으로 들어가게 되며, 민물고기들은 들어온 물을 계속 배설기관을 통해 내 보낸다. 반대로 바닷물고기들은 체액보다 바닷물이 더 진하다. 즉, 피보다 바닷물이 더 진해 배추가 소금에 절듯이 몸에서 계속 수분이 빠져 나간다. 이렇게 부족한 수분을 보충하기 위해서 바닷물고기들은 바닷물을 계속 먹고 장에서 역삼투로 물을 뽑아내서 보충하고 농축된 염분은 배설기관에서 밖으로 내보낸다. 민물고기의 오줌이 묽고 많으며, 바닷물고기의 오줌이 진하고 소량인 것은 이 삼투압 조절의 결과인 것이다.

지금까지 세계에 알려진 물고기는 24,000여 종인데 그중 우리 나라에는 1,000여 종이 산다. 이중에 800여 종은 바다에서 살고, 200여 종은 민물에서 산다. 민물고기 가운데 50여 종은 우리 나라에서만 사는 고유종이다. 우리 나라에는 많은 강과 호수가 있어 다양한 민물고기들이 살고 있다.

차례

차례

민물
어류

등줄숭어

분 포

전라남도의 서·남해안과 인접 강 하구와 중국과 일본 연안 분포 및 홍해에 출현한다.

서식지

대부분 일생 동안을 강 하구와 연안 주변에서 이동하면서 서식하며 영광, 목포, 진도, 완도, 여수등에 서식하는 것으로 알려져 있다.

형 태

포르말린에 고정된 표본의 체색은 전체적으로 연한 갈색이지만 등쪽과 체측 상단부는 보다 짙은 갈색이다. 복부와 체측 하단부는 연한 담색을 나타낸다. 등지느러미 극조부와 연조부의 기조막은 연한 흑색의 미세한 반점들이 있고, 꼬리지느러미는 전체적으로 연한 흑색이다. 그 외의 지느러미는 거의 백색이다.

숭어

분 포

우리나라에서는 전 연해와 강 하구 일본과 중국 연안에 분포한다.

서식지

인천, 군산, 부안, 고창, 목포, 진도, 부산, 울진, 강릉, 원산, 신의주, 안주, 몽금포에서 서식한다.

형 태

회청색 바탕에 등쪽과 체측 상단부는 짙고, 복부는 거의 백색에 가깝다. 반문은 없고, 비늘에는 검은색의 반점이 있어서 7~9줄의 종선을 이룬다. 가슴지느러미의 기저 상단에는 청색의 반점이 없다. 각 지느러미는 거의 투명하며, 꼬리지느러미는 약간 노란색을 띤다.

가숭어

분 포

우리나라의 전 연해와 강 하구에서 서식하며, 일본과 중국 연안에 분포한다.

서식지

연해와 강 하구에서 살며, 산란기는 3~5월경이다. 주로 강바닥에 있는 식물성 플랑크톤과 유기물을 먹으며 숭어보다 기수역 가까이에 서식한다.

형 태

몸은 가늘고 길다. 몸 중간의 몸통은 원형이지만, 머리는 심하게 종편되어 두정부는 편평하다. 문단부의 복면에 입이 있다. 입 모양은 정면에서 볼 때 ∧자형이다. 꼬리지느러미 후연의 중앙부는 숭어에 비하여 약간 덜 만곡되어 있지만 상·하엽은 명확하게 구분된다. 회청색 바탕에 등쪽과 체측 상단부는 짙고, 복부는 거의 백색에 가깝다. 반문은 없고, 비늘에는 검은색의 반점이 있어서 7~9줄의 종선을 이룬다. 가슴지느러미의 기저 상단에는 청색의 반점이 없다.

농어

우리나라에서는 서·남해 연안과 주변 하천 하구(일본, 중국, 대만) 등의 연안에 분포한다.

바다와 가까운 강에 살면서 기수나 담수에도 올라온다.

몸과 머리는 모두 옆으로 납작하고, 체고는 비교적 높아 체형은 방추형이다. 머리는 비교적 큰 편이고, 주둥이는 끝이 뾰족하며, 하악이 상악보다 약간 돌출되었다. 전새개골의 후연에는 거치상으로 나타나고, 그 모서리에는 1개, 아래쪽 가장자리에는 3개의 강한 가시가 있다. 꼬리지느러미의 후연 중앙은 안쪽으로 깊이 파여서 상하 양엽으로 나뉜다. 측선은 체측 중앙에 완전하게 있다. 몸의 등쪽은 회청록색으로 다소 짙고, 배쪽은 은빛 광택을 띤다. 몸의 측선 약간 아래에서 등쪽으로는 작은 반점이 산재하지만 큰 개체에서는 나타나지 않는다. 등지느러미의 기조막에도 검은 반점이 흩어져 있다. 꼬리지느러미, 뒷지느러미 그리고 가슴지느러미는 반문이나 색이 없다. 검은 반점은 어릴 때에 잘 나타나며 성장하면서 없어진다.

얼록동사리

우리나라의 금강 이북의 서해로 유입하는 하천에 분포한다.

하천 중·하류의 유속이 완만하고 자갈이 많은 곳에 서식하며 수서곤충이나 작은 어류를 섭식한다.

몸의 앞부분은 단면이 거의 원통형이고 뒤로 갈수록 점차 옆으로 납작하지만 동사리에 비하여 덜 납작하다. 머리는 심하게 위아래로 몹시 납작하며, 눈은 아주 작고 머리의 등쪽에 편중되었다. 주둥이는 길고, 입은 크며 주둥이 끝에서 아래를 향해 비스듬히 열려 있으며 하악은 상악보다 앞으로 돌출하였다. 악골에는 이빨이 있으나, 서골과 구개골에는 이빨이 없다. 혀의 절단부는 절형이거나 중앙부가 약간 내만되어 있다. 가슴지느러미와 꼬리지느러미의 외연은 둥글다. 체색은 황갈색으로 배쪽은 밝은 노란색이며, 몸의 옆면에는 제1등지느러미 기저의 중앙부, 제2등지느러미 후반부 그리고 꼬리지느러미 기부에 커다란 흑색 반점이 있다. 가슴지느러미 기부에도 2개의 흑점이 있다. 모든 지느러미에는 작은 반점이 점열하여 가로무늬처럼 보인다.

풀망둑

분 포

동해 북부를 제외한 우리나라 전 연안에 분포하지만, 주로 황해와 남해 서부에서 많이 서식한다. 국외로는 중국, 일본, 그리고 인도네시아 등지에도 분포한다.

서식지

강의 하구 기수역에 서식하며 게, 소형어류, 새우류, 두족류 및 갯지렁이 등의 작은 동물을 주로 섭식한다.

형 태

산란기 전까지의 체형은 문절망둑과 아주 유사하나 성장함에 따라 몸은 홀쭉해지고 길어진다. 망둑어류 가운데 가장 큰 종류이다. 뺨과 새개부의 위쪽, 후두부는 아주 작은 원린으로 덮여 있고, 체측은 즐린으로 덮여 있다. 뺨에는 횡렬 공기가 있다. 하악 봉합부 바로 뒤의 양쪽에 짧은 수염 같은 돌기가 하나씩 있다. 몸은 옅은 갈색 또는 회색 바탕에 복부는 희고 약간 푸르스름한 빛깔을 띤다. 어린 개체에서는 체측 중앙에 9~12개의 갈색 반점이 뚜렷하지만 성장함에 따라 반점은 희미해진다. 등지느러미에는 희미한 반점이 비스듬히 배열되고, 꼬리지느러미에는 반문 없이 약간 짙은 회갈색을 띤다. 배지느러미와 뒷지느러미는 반문이 없다. 산란기의 암컷은 주둥이 부근과 가슴지느러미 및 꼬리지느러미에 연한 황색을 띤다.

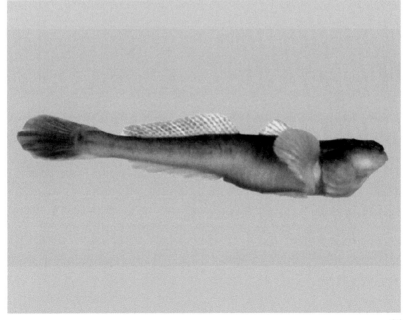

검정망둑

강화도, 백령도, 제주도, 태안, 목포, 광양, 부산, 울진, 영덕, 동해 등에 분포하며 국외에서는 중국, 일본 그리고 연해주 등지에 출현한다.

강 하구나 하류역의 바위나 돌, 또는 각종 인공축조물 등이 있는 곳에 모여 살며, 은신처를 점유하는 경우도 있다.

몸이 연장되어 있고 머리가 크며 폭이 넓다. 주둥이는 뭉툭하고 상악과 하악의 길이는 일치한다. 양악의 이빨은 2열로 외열의 이빨은 바깥쪽의 2~3개를 제외하고 모두 3첨두이다. 제1등지느러미로부터 머리 중간 부분에 많은 즐린이 덮여 있지만 머리 앞쪽은 없고 후두부의 뒤쪽과 복부에 비늘이 있다. 성숙한 수컷의 제1등지느러미의 2와 3기조 길이는 대단히 길어서 등 후방으로 길게 펼 경우, 제2등지느러미 중간 부분을 지난다. 체색은 진한 흙색으로 가슴지느러미 기저부 근처에 황백색의 가로 띠가 나타난다. 뺨에 연한 빛의 반점이 산재해 있으나 개체에 따라서 불명료한 것도 있다.

23

날개망둑

분 포

우리나라 서 · 남해 연안에 나타나며 국외에서는 일본, 중국, 필리핀 등지에도 출현한다.

서식지

기수역이나 연안의 모래 바닥에 서식하는데, 모래색과 비슷하게 보이거나 약간 밝게 보인다.

형 태

머리는 상하로 종편되어 있고, 가슴지느러미 부근의 체형부터는 좌우로 약간 측편되어 있다. 눈은 머리의 등쪽에 있다. 주둥이는 끝이 뾰족하다. 악골에는 작은 이빨들이 밀생되어 있다. 등지느러미는 2개이다. 체색은 연한 회색으로 몸의 옆면 등쪽은 검은 반점으로 얼룩지며, 아래쪽은 밝은 색으로 무늬가 없다. 머리에는 눈밑, 뺨 그리고 새개 위에 검은색 무늬가 아래로 향해 뻗어 있으며 그 사이에는 흰색 부분이 있다. 몸의 옆면 중앙에는 약 6개의 작고 검은 반점이 배열되며, 이 반점의 윗부분에 작은 흰색 반점이 있다. 산란기에는 어두운 색으로 변한다. 꼬리지느러미에는 3~4줄의 흑색 줄무늬가 있다.

모치망둑

분포

부산, 광양, 목포, 무안, 부안, 군산, 보령, 강화도의 서부와 남부 연안 등에 서식하며 중국, 대만과 일본에 분포한다.

서식지

하구의 연안역과 기수역의 모래와 진흙 바닥, 특히 간조시의 게의 구멍에 서식한다.

형태

머리는 원통형으로 약간 상하로 종편되어 있다. 가슴지느러미 부분부터 좌우로 약간 측편되어 있다. 머리는 크고 주둥이는 약간 둥글다. 측면을 향한 눈은 보통 크기이고 양안 간격 사이는 약간 볼록하다. 꼬리지느러미는 노란색을 띠며 기조를 따라 검은색의 띠가 있다. 산란기에 수컷은 혼인색이 나타나 체표면은 어두운 색을 띠면서 등지느러미와 뒷지느러미의 가장자리가 뚜렷한 황색을 띠고, 복부 아랫면의 일부가 은백색을 나타낸다. 반면 암컷은 체색이 아주 엷어져서 산란기 암수의 차이가 뚜렷하다.

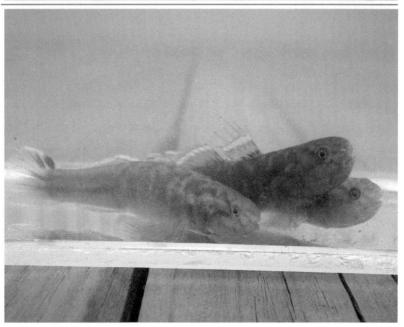

미끈망둑

분 포

우리나라에서는 울릉도를 포함하여 동해안과 남해안 및 서해안의 연안
및 기수역에 서식하며, 일본과 연해주 등에 분포한다.

서식지

하천에서 하류역의 자갈이 있는 기수역이나 조수 웅덩이의 자갈과 돌이
많은 조간대에 서식한다.

형 태

머리는 상하로 심하게 종편되어 두정부는 편평하며, 등지느러미 기부 앞
쪽의 체형은 원통형, 등지느러미 위치의 체형은 좌우로 측편되어 있다.
눈의 액골 부분은 육질로 볼록하다. 눈은 두정부에 위치한다. 입은 크고
수평으로 개구된다. 하악은 상악보다 약간 크거나 거의 동일하다. 악골
에는 매우 작고 부드러운 융모형의 이빨들이 조금 있다. 혀의 전단 중앙
부는 내만되어 있다. 등지느러미는 1개이며 몸의 중앙보다 뒤쪽에 있다.
꼬리지느러미의 후연은 둥글고 미병부와 접하는 부위는 육질로 덮여 약
간 비후되어 있다. 배지느러미는 유합되어 있으며, 크기는 매우 작다. 비
늘은 없고 피부는 미끈거린다. 몸은 황갈색이다. 매우 작은 흑점들이 온
몸의 표면에 밀생하며 머리와 체측 상단부는 검게 보이고, 복부는 회색을
띤다. 배지느러미를 제외하고 모든 지느러미에 흑색 색소가 침적되어 있
다.

버들붕어

분 포

우리나라에서는 거의 전국에 서식하며, 중국과 일본에 분포한다.

서식지

연못이나 웅덩이 또는 물이 잘 흐르지 않는 하천의 수초가 많은 곳에서 주로 수서곤충을 먹고 산다.

형 태

몸은 전반적으로 암황색의 바탕이며, 등쪽은 암녹색이고 배쪽은 담갈색이다. 특히 머리의 아랫면에서 뒷지느러미 전단부까지의 복부는 밝은 황색이다. 체측면에는 10개 이상의 담홍색 횡반이 있고, 새개 위에는 안경보다 약간 작은 크기의 청색 반점이 있다. 가슴지느러미는 거의 투명하며, 그 외의 지느러미는 몸의 색과 같거나 그보다 약간 밝다.

가물치

분 포

우리나라에서는 거의 전국에 서식하며, 중국과 흑룡강 수계 및 일본에도 분포한다. 원산지는 아시아 대륙의 동부이다.

서식지

가물치는 저수지나 늪 또는 물의 흐름이 거의 없고 수심 1m 정도의 물풀이 무성한 곳을 좋아한다. 아가미 호흡과 함께 공기 호흡을 하며, 수온 변화에 견디는 능력이 강하여 0~30℃ 범위에서도 산다. 겨울에는 깊은 진흙 바닥 속에 묻혀서 지내기도 하고, 비가 오면 습지에서 기어다니기도 한다.

형 태

몸은 황갈색이나 암회색 바탕에 측면에는 짙은 암회색이나 연한 흑색의 큰 반문이 마름모 형태로 배열되어 있고, 중간에 동공만한 반점들이 있다. 등지느러미, 뒷지느러미와 꼬리지느러미는 대체로 암회색을 띠면서 약간 짙은 암회색의 반문이 3열로 있다.

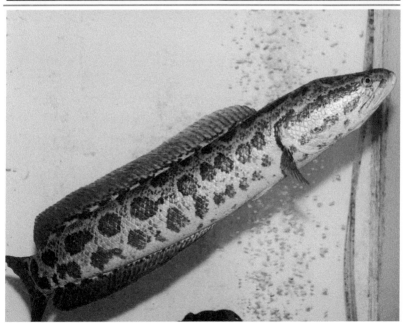

주둥치

우리나라의 남해안과 서해 남부등의 주변 강 하구와 일본, 동중국해 및 태평양에도 분포한다.

수심이 얕은 강 하구에서 무리를 지어 서식하며 산란기는 6월경으로 추정된다.

살아 있을 때의 체색은 전체적으로 은백색이지만, 체측 하단부와 복부에는 작은 흑점들이 산재되어 있다. 등지느러미 기부의 바로 아래, 체측 중앙과 그 사이에는 연한 갈색의 종대무늬가 있다. 등지느러미 기점 앞에는 안경 크기의 흑점이 있고, 등지느러미 1~4 극조 사이에도 안경 크기의 흑점이 있다. 다른 지느러미에는 흑점이 없다.

35

황줄망둑

금강 하구, 동진강 하구, 영산강 하구 및 강화도 등의 서·남해의 연안 등의 지역에서 분포하며, 국외에서는 일본에서도 출현한다.

서식지

주로 연안의 조하대에 서식하나, 일부는 조수 웅덩이에서 민물두줄망둑과 같이 서식한다.

형 태

고정액에 고정된 표본은 등쪽은 갈색이고 복부는 우유빛을 띠며 두정부에서 미병부에 이르는 등쪽에 8개의 불분명한 흑색 가로무늬가 있다. 전새개부에는 2개의 흑갈색 세로무늬가 있고, ㅡ자형의 뚜렷한 갈색 반점이 체측면에 규칙적으로 배열되어 있다.

민물검정망둑

분 포

우리나라에서는 논산천, 웅천, 삼척 마읍천, 부안 백천, 부안 청호저수지, 아산 및 진도에서 채집되었으며 국외에서는 일본에 분포한다.

서식지

민물검정망둑은 순담수역의 자갈과 돌이 많은 곳에 서식하며 진흙 바닥에서도 살고 있지만, 본래 자갈 등 견고한 곳을 선호한다.

형 태

물 속에서는 검은색을 띠나 물 밖으로 나오면 연한 갈색으로 변한다. 가슴지느러미 기저부에 황백색의 횡대가 나타나고 뺨에는 연한 빛의 반점이 산재한다. 검정망둑과 유사하다.

갈문망둑

분 포

우리나라 전역의 여러 하천과 저수지 및 제주도 천지연 폭포에 서식하며, 중국, 일본 그리고 연해주 등지에 분포한다.

서식지

갈문망둑은 하천 하류역과 기수역의 자갈 바닥에 서식한다. 기수역에서는 봄에서 여름에 걸쳐 흰발망둑이나 문절망둑의 미성어와 함께 무리를 이루지만, 그 중에서도 본 종은 염분 농도가 낮은 곳에 많다.

형 태

몸의 앞부분은 원통형이고 뒤로 갈수록 점차 옆으로 납작해지며, 머리의 앞부분은 위아래로 납작하다. 악골에는 이빨이 있으나 서골과 구개골에는 이빨이 없다. 원린이 체측 면과 머리를 덮고 있다. 측선은 없다. 몸의 형태와 체색 반문은 밀어와 유사하나 배지느러미의 흡반이 타원형이므로 구분된다.

애기망둑

분 포

전남 목포와 인접한 지역에서 분포한다. 일본의 미야자키 현으로부터 남쪽의 오키나와 섬까지 분포한다.

서식지

기수역과 인접된 연안 주변에서 서식하면서 가끔 담수역에 들어와 생활을 한다.

형 태

크기는 소형이며, 두부는 원통형이다. 그 후방은 좌우로 측편되어 있다. 몸의 앞부분은 원린이나, 후방은 즐린으로 덮여 있다. 배지느러미는 유합되어 흡반을 형성하며, 꼬리지느러미 외연은 둥글다. 등쪽과 체측 상단부에는 비늘의 후연에 흑갈색의 색소가 침적되어 초생달 모양의 반점이 있고, 체측 하단부에는 희미한 갈색 선이 불 연속적으로 있다. 등지느러미의 기조막에는 갈색 색소가 침적되어 있고, 제2등지느러미의 후연은 짙은 갈색이다.

꾹저구

분포

우리나라 전 연안의 기수역과 중하류에 나타난다. 국외에서는 일본과 시베리아 등지에 분포한다.

서식지

주로 강의 하구 자갈 바닥의 유속이 빠른 담수역에 서식하며 수서곤충을 섭식하는데, 치어는 유속이 완만한 웅덩이의 중층에 표류하며 산다.

형태

머리는 심하게 상하로 종편되어 있고 체측은 좌우로 약간 측편되어, 제2등지느러미 부근에서는 심하게 측편되어 있다. 눈은 비교적 크고, 양안 간격은 다른 망둑어류에 비하여 많이 떨어져 있다. 몸은 황갈색 바탕에 검은색 반점이 산재하는데, 체측 중앙에는 약 7개의 넓은 반점이 있고 이 위쪽에도 아주 넓은 3~4개의 반점이 있다.

흰발망둑

우리나라에서는 거의 전 연안과 강 하류에 나타나며 일본과 중국에도 분포한다.

서식지

하구의 모래나 갯벌의 웅덩이에 서식하며, 5~9월로 하천에서 부화하여 바다로 내려간다. 내만이나 기수역에 주로 서식하며 거의 담수인 곳에서부터 해수까지 서식하고 있어 염분 농도의 변화에 적응도가 높다. 모래와 펄 바닥에 서식하며 잡식성으로 저서동물이나 조류를 섭식한다.

형 태

머리는 거의 원통형이지만, 가슴지느러미부터는 약간 좌우로 측편되어 있다. 눈은 머리의 위쪽에 있고, 입은 크며 상악과 하악의 길이는 거의 비슷하다. 몸은 황갈색으로 체측 상단은 불규칙한 반문이 꼬리지느러미 기저까지 이어져 있고, 체측 중앙에는 약간 짙은 불규칙한 반문이 꼬리지느러미 기저까지 있다. 수컷은 암컷에 비하여 몸이 약간 왜소하고 원통형에 가깝다.

문절망둑

분 포

남해안 및 서해안과 인접한 강 하구 그리고 일본 및 중국에 분포한다. 호주, 샌프란시스코 만 등에 출현하는 것은 화물선에 의해서 동양으로부터 이식된 것으로 알려져 있다.

서식지

성어는 강 하구 부근 기수역의 모래 바닥이나 개펄에 살면서 저서성의 소형 갑각류, 작은 어류와 조류를 섭식한다. 강의 기수역이나 내만에 서식하며 여름에는 다수의 미성어가 하구의 간석지나 하천의 하류역까지 침입한다.

형 태

몸의 앞쪽은 원통형이고, 새개 후단부터 좌우로 측편되어 있다. 상악이 하악보다 약간 길다. 악골에는 이빨이 있으나, 서골과 구개골에는 이빨이 없다. 혀의 전단부는 반듯하다. 입은 약간 복부 방향으로 열려 있다. 눈은 머리의 정상부에 있다. 뺨과 새개부의 위쪽, 후두부는 아주 작은 원린으로 덮여 있고, 체측은 즐린으로 덮여 있다. 뺨에는 횡렬 공기가 나 있다. 배지느러미는 유합되어 흡반을 형성하고 그 형태가 긴 타원형을 이룬다. 배지느러미는 가슴지느러미 기부보다 약간 후방에서 시작한다.

49

민물두줄망둑

분 포

우리나라 큰 강 하구의 기수역 혹은 담수에 서식하며 국외에서는 중국, 일본 그리고 연해주 등지에도 분포한다.

서식지

민물두줄망둑은 바위나 암벽 혹은 갯벌로 된 강 하구의 기수 혹은 담수 역에 서식한다.

형 태

몸은 짧고, 앞부분의 단면은 원형에 가까우나 뒤로 갈수록 점차 옆으로 납작해진다. 머리는 위아래로 약간 납작하며, 주둥이 끝은 뭉툭하고, 꼬리지느러미의 후연은 둥글다. 산란기 수컷은 주둥이와 새개부가 커지고 불룩하며, 체측의 줄무늬는 선명하지 않고, 암컷에서는 뚜렷한 변화가 없다.

51

밀어

우리나라에서는 제주도와 울릉도를 포함한 전 담수역에 나타나며, 중국, 일본 그리고 연해주 등지에 분포한다.

하천 중류의 여울부에서 하류에 이르기까지 널리 서식하며 수서곤충과 부착조류를 주로 섭식한다.

머리는 상하로 종편되어 있고, 그 후방은 원통형이나 점차 좌우로 측편되었다. 주둥이의 외연은 둥글고 상악은 하악보다 약간 길어서 전방으로 돌출되어 있다. 악골에는 이빨이 없거나 연한 융모형의 이빨이 있다. 체색과 반문은 변이가 많은데 보통 담갈색 바탕에 체측 중앙에는 7개 정도의 큰 암갈색 반점이 있으며 등지느러미, 뒷지느러미 그리고 꼬리지느러미에는 여러 줄의 가로무늬가 있다. 눈의 앞쪽에는 황갈색의 폭이 좁은 V자형 반문이 있다. 배지느러미의 흡반 모양은 둥글고, 수컷은 제1등지느러미의 제1기조가 신장되었다. 산란기 수컷은 황색을 많이 띠지만, 변이가 심하다.

53

쏘가리

우리나라의 서해안과 남해안으로 흐르는 큰 하천의 중류에 희소하게 출현하고 중국에도 분포한다. 남획과 하천 오염으로 인하여 현재는 서식 개체수가 매우 적게 나타나고 있다. 그러나 최근에 조성된 대형 댐 등에서 많은 개체가 서식하고 있으며, 소양호 등에서는 작은 치어도 채집되어 댐호 내에서 산란하는 것으로 생각된다.

서식지

큰 강의 중류 지역 가운데에서도 물이 맑고 바위가 많아 물살이 빠른 곳에서 살면서 바위나 돌 틈에 질 숨는다.

형 태

몸은 측편되어 있으나, 머리는 약간 종편되어 있다. 머리는 길고, 그 중앙의 약간 앞쪽에 눈이 있다. 하악은 상악보다 약간 길다. 악골, 서골 및 구개골에는 이빨이 있다. 상악의 후연은 동공의 중앙 부근에 이른다. 등지느러미는 머리 후단부 위치에서 시작한다. 등지느러미는 극조부와 연조부로 나누어지지만, 연조의 길이가 극조보다 길어서 약간 결각을 이룬다.

꺽지

우리나라의 거의 전 하천에 분포하는 한국 고유종이다.

물이 맑고 자갈이 많은 하천에 서식하면서 5~6월에 수온이 18~25℃에 이르면 자갈의 아랫면에 1층으로 알을 낳는다.

몸과 머리는 좌우로 측편되어 있다. 체고는 높아 체형은 방추형이다. 머리는 크고, 눈은 머리의 등쪽에 치우치며, 입은 크고 주둥이는 끝이 뾰족하다. 몸은 옅은 녹갈색 바탕에 옆면에는 7~8개의 가는 검은색 가로무늬가 있다. 새개 상후단에는 둥근 청색 반점이 하나 있다. 각 지느러미는 뚜렷한 반문이 없이 옅은 황색을 띤다.

꺽저기

분 포

탐진강(장흥), 낙동강 및 거제도의 일부 수역과 일본에 분포한다.

서식지

큰강의 수역에 수초가 많은 곳에 서식하며 산란기는 5~6월로 수초에 알을 붙인다.

형 태

체고는 높고 체형은 방추형이다. 머리는 크고, 눈은 머리의 등쪽에 치우치며, 입은 크고 주둥이는 끝이 뾰족하다. 살아 있을 때는 몸 전면에 광택이 나는 진갈색을 띤다. 등쪽은 배쪽보다 진한 색이다. 새개에는 안경보다 약간 작은 크기의 청색 반점이 있다. 가슴지느러미는 무색이고, 다른 지느러미는 연한 갈색이다.

베스

분 포

원산지는 미국의 남동부이지만, 양식 및 낚시 대상종으로 북미 전역과 전세계에 이식되고 있다. 한강, 섬진강, 낙동강에 정착되어 생태계 파괴종이 되고 있다.

서식지

흐름이 없는 정수역인 호소나 하천 하류의 흐름이 느린 곳을 좋아한다. 원산지인 미국에서는 염분이 있는 기수역에서도 서식한다.

형 태

머리와 몸통은 옆으로 납작하고 그다지 높지 않지만 몸이 긴 방추형이다. 머리는 크며 눈은 비교적 작고 주둥이는 길고 뾰족하다. 입은 크고 하악이 상악보다 약간 앞으로 나와 있다. 등쪽은 짙은 청색이고, 배쪽은 노란색을 띠며 몸 옆면 중앙에는 청갈색의 긴 줄무늬가 있다.

61

블루길

분 포

원산지는 북미의 남동부 지역(버지니아, 플로리다, 텍사스, 멕시코, 뉴욕)이다. 이 종은 북미 전역, 유럽, 아시아 및 남아프리카에 유입되어 정착되었다.

서식지

블루길의 서식 장소는 큰 호수나 연안대의 수생식물이 많거나 하천이 흐르는 수초가 있는 곳에서 주로 산다.

형 태

머리와 몸통은 모두 측편되었으며, 체고는 높고 몸 길이는 짧다. 체형은 난형이다. 머리는 비교적 크고, 눈은 머리의 등쪽에 치우쳐 있다. 주둥이는 끝이 뾰족하고 하악이 상악보다 약간 앞으로 나와 있다. 체장은 서식 환경에 따라 다르지만, 대체로 1년에 5cm, 2년이면 8cm, 3년에 13cm, 4년생이면 16cm 로 성장한다.

동사리

분 포

우리나라의 거의 전역에서 서식하는 한국 고유종이다.

서식지

하천 상 · 중류의 유속이 완만하고 모래나 자갈이 많은 곳에 서식하며, 수서곤충이나 작은 어류 등을 섭식한다. 동사리의 성어는 여울부 보다는 주로 소에서 서식하며, 물의 흐름이 약한 하천 연안부의 돌 밑이나 모래가 움푹 파인 곳의 밑바닥에 붙어 있는 경우가 많다.

형 태

몸의 앞부분은 단면이 원통형이나 뒤로 갈수록 옆으로 납작해져 미병부까지 이어진다. 머리는 상하로 종편되어 얼룩동사리보다 납작하고 눈은 작으며 머리의 등쪽에 있다. 주둥이는 크고, 입은 그 끝에 열리는데 크며 약간 비스듬하다. 색깔은 황갈색으로 암갈색 반문이 지저분하게 있으며, 꼬리지느러미의 기부에 커다란 흑색 반점이 있다. 각 지느러미에는 작은 검은 반점이 점열하여 가로무늬처럼 보인다.

좀구굴치

분 포

우리나라에서는 전북 진안군 마령(섬진강), 청호 저수지와 고창군 흥덕면 그리고 전주 만경강에서 채집되었으나 그 이외의 다른 지방에서는 채집 기록이 없다. 국외에서는 중국에 분포한다.

서식지

농수로나 유속이 느린 하천의 수초가 많은 곳에 주로 서식한다.

형 태

소형 종으로 몸과 머리는 측편되었다. 입은 위를 향해 비스듬히 열리며, 하악이 상악보다 앞으로 돌출되었다. 눈은 약간 위쪽으로 돌출되었으며, 양 눈의 사이는 눈의 지름보다 넓고 오목하다. 등지느러미는 2개로 서로 근접하여 있다. 꼬리지느러미의 후연은 둥글다. 수컷은 황갈색으로 체측에 8~10개의 흑색 가로무늬가 있고, 암컷은 회갈색으로 체측에 흑색 가로무늬가 희미하게 있다.

잉어

분 포

우리 나라 하천, 댐 호 및 저수지 등의 담수 전역에 서식한다 아시아와 유럽대륙의 온대와 아열대 지방에도 널리 분포한다.

서식지

큰 강 하류의 천천히 흐르는 수역이나 저수지 및 댐 등의 깊은 곳에서 산다. 잡식성으로 부착조류, 조개, 수서곤충, 갑각류, 실지렁이 및 어린 물고기를 먹는다. 3년 정도면 성적으로 성숙하게 되고, 가두어 기르면 40년 이상도 살 수 있다.

형 태

몸은 길고 납작하며 머리는 원추형이다. 주둥이는 둥글며, 그 아래에 입이 있으며 비늘은 크고 기왓장처럼 배열되어 있다. 입수염은 2쌍으로 뒤쪽의 것은 굵고 길어서 눈의 직경과 같거나 약간 길지만, 앞쪽의 것은 가늘고 짧아서 눈 직경의 1/2 혹은 2/3정도이다. 눈은 작고 머리의 옆면 중앙보다 앞쪽에 있다. 체색은 녹갈색 바탕에 등쪽은 짙고, 배쪽은 연하다. 등지느러미와 꼬리지느러미는 약간 어두운 색깔을 보이나 그 이외의 지느러미는 밝은 색이다.

이스라엘 잉어

분 포

우리 나라 호수, 댐, 양식장에서 양식되고 있다.

서식지

잉어와 비슷하나 잉어보다 맑고 깨끗한 곳을 선호하고, 고온과 저온에 약하다.

형 태

외부 형태는 잉어와 비슷하지만 체측에 있는 큰 비늘이 등쪽과 측선이 있는 방향으로 드문드문 나 있다. 계수계측 형질은 변이 폭이 비교적 크지만 조사된 표본을 보면 다음과 같다. 체색과 생태는 잉어와 비슷하다. 이스라엘잉어는 잉어의 한 품종으로 성장이 빠르고 몸에는 몇 개의 비늘이 있는 유럽계 잉어를 이스라엘에서 식용의 목적으로 개량된 품종이다. 성장이 빠르고 육질이 단단하며 비린내와 같은 역한 냄새가 나지 않고 잔가시가 없기 때문에 식용으로 많이 이용되어 가두리 양식으로 현재 우리 나라 담수 양식 어종 중 제일 많은 양이 생산되고 있다.

71

참몰개

분 포

우리나라 고유 어류로 대동강, 한강, 금강, 동진강, 낙동강, 섬진강 수계
에서 분포한다.

서식지

수심이 비교적 얕고, 수초가 우거진 하천이나 저수지에서 살며, 수질오염
에 대한 내성이 강하다. 여러 마리가 떼지어 물의 표층과 중층을 빠르게
다닌다.

형 태

몸은 대체로 길고 측편되어 있다. 주둥이는 뾰족하고 입가의 수염은 길어
서 동공의 직경보다 길며, 큰 눈은 머리의 중앙보다 앞쪽과 위쪽에 치우
쳐 있다. 측선은 완전하고, 그 전반부는 아래쪽으로 휘어져 있다. 살아있
는 개체는 온 몸이 은백색을 띤다. 고정된 표본의 경우, 등쪽은 암갈색이
고, 배쪽은 은백색이다. 몸의 옆면 중앙보다 약간 등쪽에는 피부 밑으로
암갈색의 가로줄이 있고, 이 부분에 작은 흑색 반점이 불규칙하게 배열되
어 있다. 측선을 사이에 두고 위 아래로 흑색 반점 열이 있다.

미꾸라지

분 포

우리나라 하천에 널리 분포하며 중국에도 분포한다.

서식지

하천 중하류의 진흙 바닥이나 농수로에서 주로 사는 미꾸리보다 하천의 하류 부근의 흐름이 느린 곳에 주로 서식한다.

형 태

몸은 미꾸리보다 길지만, 납작하며, 머리 위아래는 더욱 납작하다. 입은 주둥이 끝에 열리며 입가에는 3쌍의 수염이 있는데 세번째 수염 길이는 눈 지름의 약 4배 정도로 길다. 눈은 작고 눈 밑에는 안하극이 없다. 측선은 불완전하여 가슴 지느러미 근처에만 나타난다. 미병부의 등과 배쪽에는 날카롭게 융기된 부분이 있어 납작하고 높다. 수컷의 가슴지느러미 제1~2기조의 끝은 암컷에 비해 뾰족하고 길다. 미꾸리와 아주 유사하나 미병부에 날카로운 융기연이 뚜렷하며, 수염의 길이가 훨씬 길어 미꾸리와 잘 구분된다. 암컷은 수컷에 비하여 크다. 생식 시기에는 수컷 가슴지느러미 기조 위에 미세한 추성이 나타난다. 체색은 황갈색 바탕에 등쪽은 암청색이고 배쪽은 회백색이다. 몸의 옆면에는 작은 흑점이 산재한다. 꼬리지느러미 기점 상부에는 미꾸리와 다르게 흑점이 불분명하다. 중국산은 우리나라 미꾸라지보다 크기가 크고 검은색을 많이 띤다.

참종개

우리나라의 고유종으로 노령산맥 이북의 서해로 흐르는 임진강, 한강, 금강, 만경강, 동진강과 동해안으로 유입되는 삼척 오십천과 마읍천에 분포한다.

서식지

하천 중·상류의 유속이 빠르고 물이 맑으며 자갈이 깔린 하천 바닥이나 그 가까이에서 서식하며 주로 수서곤충과 부착조류를 먹고 산다.

형 태

몸은 굵고 길며 옆으로 납작하다. 주둥이는 돌출되어 있고 끝은 둥글다. 입은 작고 주둥이의 밑에 있다. 아랫입술은 가운데 홈이 있어서 둘로 갈라지며 구엽을 이룬다. 입수염은 길고 3쌍이다. 등지느러미는 배지느러미보다 약간 앞에서 시작한다. 꼬리지느러미 후연은 거의 직선형이다. 가슴지느러미 모양은 암수가 다르다. 체색은 담황색 바탕에 등과 몸의 옆면에는 갈색의 반문이 있다. 등에는 폭이 넓은 가로무늬가 있으며 이 반문은 체측의 위쪽으로 이어지고, 몸의 옆면의 중앙 아래쪽에는 새개 후단으로부터 미병부까지 10~18개의 폭이 좁은 갈색 횡반문이 있다. 체측 반문과 등쪽의 반문 사이에는 불규칙적인 구름 모양의 반문이 있다. 등지느러미와 꼬리지느러미에는 3~4줄의 가로무늬가 있으며, 꼬리지느러미의 기부 위쪽에는 작은 흑색 반점이 있다.

남방종개

분 포

우리나라 고유종으로 영산강과 탐진강에 분포하며 전라남도 서남해안으로 유입하는 소하천에도 분포한다.

서식지

하천 중하류의 유속이 느리고 바닥에 자갈이나 모래가 깔린 곳에서 주로 수서곤충을 먹고 산다.

형 태

몸은 굵고 옆으로 약간 납작하다. 머리는 길고 약간 측편되었다. 눈은 주둥이 앞쪽에 위치하며 눈의 아래에는 작고 끝이 두 개로 갈라진 길다란 안하극이 있다. 작은 입은 주둥이 아래쪽에 있고 상악은 하악보다 길다. 윗입술은 육질로 되어 있으며 아랫입술은 가운데에 홈이 있어 구엽을 이루고 그 끝은 아주 뾰족하다. 가슴지느러미의 모양은 암수가 다르다. 암컷은 수컷보다 몸집이 크다. 체색은 담황색 바탕에 갈색의 반문이 등과 몸의 옆면에 있다. 몸의 등쪽과 체측면 사이에는 갈색의 작은 반점들이 밀집되어 있다. 등지느러미와 꼬리지느러미에는 3~4열의 갈색 가로무늬가 있고 꼬리지느러미의 기점 위쪽에는 작고 짙은 흑색 반점이 있다. 왕종개와 아주 유사하지만 체측 횡반문이 왕종개보다 훨씬 가늘고 길며 체측 상반부 반문과는 이어지지 않고 등쪽의 폭은 비교적 넓다.

새코미꾸리

분 포

우리나라의 임진강 및 한강 수계 및 낙동강에 분포하는 고유종이다.

서식지

하천 중상류의 유속이 빠른 지역의 자갈 바닥에서 주로 부착조류를 먹고 산다.

형 태

몸은 길고 원통형이며 머리는 위아래로 납작하다. 주둥이는 길고 눈은 작다. 눈 밑에는 움직일 수 있고 끝이 둘로 갈라진 안하극이 있다. 입술은 두꺼운 육질로 되어 있으며 입 주위에는 3쌍 수염이 있다. 측선은 불완전하여 가슴지느러미를 넘지 않는다. 꼬리지느러미의 가장자리는 약간 둥그런 모양을 하고 있다. 등지느러미는 배지느러미보다 약간 뒤쪽에서 시작한다. 수컷의 가슴지느러미는 암컷에 비해 새의 부리 모양처럼 뾰족하고, 두번째 기조의 기부에는 사각형 모양의 골질반을 갖는다. 살아 있을 때 주둥이와 지느러미는 선명한 주황색을 띠고 있으나 포르말린에 고정된 개체는 모두 어두운 담갈색 바탕에 적은 흑색의 불규칙적인 반점이 체측과 등쪽에만 산재하고 체측 중앙의 아랫부분에는 없으며 가슴지느러미, 배지느러미, 뒷지느러미의 기조에도 반점은 없다.

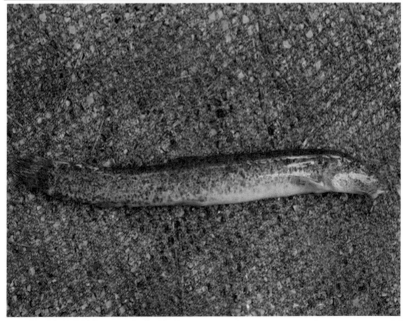

얼룩새코미꾸리

분 포

우리나라의 낙동강 수계에서만 분포하는 고유종이다.

서식지

하천 중·상류의 유속이 빠른 지역의 자갈이나 커다란 돌 바닥에서 주로
부착조류를 먹고 산다.

형 태

몸은 길고 원통형이며 머리는 위아래로 납작하다. 주둥이는 길고 눈은 작
으며 눈 밑에는 움직일 수 있고 끝이 둘로 갈라진 안하극이 있다. 입술은
두꺼운 육질로 되어 있으며 입 주위에는 3 쌍의 수염이 있다. 측선은 불
완전하여 가슴지느러미를 넘지 않는다. 등지느러미는 배지느러미보다 약
간 뒤쪽에서 시작한다. 본 종이 살아 있을 때 체측에 황색을 띠고 있으
나 포르말린에 고정된 개체는 모두 어두운 담갈색 바탕에 커다란 흑색의
불규칙적인 반점들이 체측과 등쪽에 산재하고 있으며 특히 체측은 얼룩
모양을 하고 있다. 또한 얼룩 모양의 흑갈색의 반점들은 거의 배쪽까지
이르고 있다. 가슴지느러미, 배지느러미, 뒷지느러미의 기조에도 반점은
없다.

83

점줄종개

분 포

우리나라에서는 서·남해로 유입되는 하천, 한강, 안성천, 금강, 만경강, 동진강, 섬진강, 영산강, 탐진강 및 고흥의 중하류에 분포하며 중국과 시베리아 동부에도 분포한다.

서식지

하천 중·하류의 유속이 완만하고 물이 비교적 맑은 바닥이 모래인 곳에 서식한다.

형 태

몸은 가늘고 길며 옆으로 납작하다. 머리 등쪽은 협소하여 양쪽 눈 사이의 간격은 좁다. 눈은 작으며 눈의 아래에는 세울 수 있는 안하극이 있다. 입은 주둥이의 아래에 있고, 입 주위에 3쌍의 입수염이 있다. 꼬리지느러미의 후연은 거의 직선이다. 수컷은 암컷에 비하여 전장이 짧으며 가슴지느러미의 말단은 뾰족하지 않고 골질반은 원반형이다. 몸 바탕은 연한 황색으로 머리의 옆면에는 작은 반점이 산재한다. 체측면 중앙에는 10~18개의 네모꼴 혹은 둥근 암색 반점이 2줄로 종렬하지만 산란 시기에 수컷은 이들 반점이 거의 이어져 줄무늬로 나타난다. 등지느러미와 꼬리지느러미에는 2~4줄의 비스듬한 가로무늬가 있고 꼬리지느러미의 기점 위쪽에는 둥근 흑색 반점이 있다.

종개

분 포

북방에 사는 어류로서 우리나라의 한탄강, 북한강, 남한강, 낙동강, 간성 북천, 강릉, 남대천 및 삼척 마읍천에 분포한다. 북한, 중국, 시베리아, 일본의 홋카이도에 분포한다.

서식지

하천 상류의 모래나 자갈이 많은 여울에서 서식한다.

형 태

몸은 가늘고 길며 몸 앞부분은 원통형이나 미병부는 옆으로 납작하다. 비늘은 작고 피부에 묻혀 있으나 머리에는 비늘이 없다. 머리는 위아래로 약간 납작하고 주둥이의 밑에 입이 있으며 윗입술의 가장자리에는 3쌍의 수염이 있다. 몸은 황갈색이며 배쪽은 옅다. 몸의 옆면 등쪽에는 구름 모 양의 불규칙적인 암갈색 반문이 산재한다. 등지느러미와 꼬리지느러미에 는 암점으로 이어진 줄무늬가 2~3개 있다.

쌀미꾸리

분 포

우리나라 전 담수역. 동해로 유입하는 하천, 섬진강, 낙동강, 영산강, 고창, 만경강, 금강, 한강, 제주와 북한 지역에 서식하고 중국, 시베리아에도 분포한다.

서식지

수심이 얕고 수초가 무성한 호수, 늪, 농수로의 진흙 바닥에 서식하면서 주로 수서곤충을 먹고 산다.

형 태

몸은 원통형으로 꼬리는 옆으로 납작하다. 머리는 좌우로 납작하고, 입은 주둥이의 아래에 있다. 눈은 머리 옆면의 거의 중앙 위쪽으로 붙어 있고 양안 간격은 넓고 편평하다. 측선은 없다. 몸은 옅은 담갈색으로 등쪽은 짙고 배쪽은 무색이다. 체측에는 흑색 반점이 산재하며 수컷은 주둥이 끝에서 꼬리지느러미 기점까지 한 개의 폭이 넓은 흑색 줄무늬가 나타나는데 암컷에서는 줄무늬가 불분명하다. 등지느러미와 꼬리지느러미에는 불분명한 담갈색의 미세한 점이 흩어져 있다.

배가사리

분 포

한강, 임진강, 금강 및 대동강에 분포한다.

서식지

맑고 깨끗한 중상류의 여울이 있는 자갈 바닥 가까이에 산다.

형 태

몸통은 난원형으로 몸의 뒷부분은 약간 납작하다. 등지느러미 가장자리
는 현저히 불룩하게 되었으나 배지느러미는 편평하다. 주둥이는 뭉툭하
고 그 위쪽은 약간 오목하다. 생식 시기가 되면 수컷은 주둥이 부분에 백
색의 추성이 현저하게 돋아나고 등지느러미와 뒷지느러미도 암컷에 비하
여 커진다. 몸 등쪽은 암갈색이고 배쪽은 백색이다. 몸 옆구리에는 불분
명한 갈색 줄무늬가 있고 체측 중앙에는 8~9개의 갈색 점이 일렬로 배열
한다. 산란기 수컷은 몸 전체가 검게 변하며 등지느러미 가장자리에는 아
주 붉은 색깔을 띤다.

91

참마자

우리나라 서해안과 남해안으로 유입되는 한강, 낙동강, 섬진강, 금강, 만경강, 영산강 및 양산, 거제도, 삭주, 개천, 평양, 회양에 서식한다. 중국과 일본에도 분포한다.

물이 맑은 하천 중상류의 자갈바닥에서 주로 서식하며 수서곤충의 유충을 먹지만 일부는 부착조류도 섭식한다. 때로는 모래 속에 숨어 있기도 한다.

머리는 뾰족하고 주둥이는 길며, 주둥이 밑에 입이 있다. 입의 가장자리에는 눈 직경의 1/2 정도 되는 짧은 입수염이 1쌍 있다. 눈은 머리의 옆면 중앙보다 위쪽에 있다. 아래턱은 윗턱보다 짧고, 측선은 전반부가 아래쪽으로 약간 굽어 있다. 몸은 전체가 금속광택을 띠는 밝은 은색이다. 등쪽은 암갈색이며 배쪽은 은백색이다. 몸 옆면에는 8줄 정도의 작은 흑점이 일정한 간격으로 배열되어 있다. 등지느러미와 꼬리지느러미에는 매우 작은 흑색 반점이 흩어져 나타난다. 생식 시기의 수컷은 가슴지느러미가 주황색을 띠고 암컷은 황색을 보인다.

각시붕어

분 포

우리나라 서해안과 남해안으로 흐르는 각 하천에 분포하는 한국 고유종이다.

서식지

유속이 완만하며 수초가 비교적 많이 있는 얕은 하천이나 저수지에 산다.

형 태

몸은 옆으로 납작하나 체고가 그다지 높지 않아서 체형은 긴 난원형이다. 입은 주둥이 앞쪽 아래에 있고 아래턱은 윗턱보다 약간 짧다. 수염은 없다. 눈은 비교적 크고 머리의 옆면 중앙보다 약간 위쪽에 있다. 살아있을 때, 몸의 등쪽은 청갈색을 띠고, 복부는 담황색 혹은 회색을 띤다. 산란기의 수컷은 주둥이 아랫부분과 뒷지느러미, 배지느러미, 꼬리지느러미의 위와 아래쪽에 황색이 더욱 진해지고, 등지느러미 가장자리와 꼬리지느러미의 중앙부, 그리고 뒷지느러미의 가장자리에는 선홍색의 띠가 선명해진다.

참중고기

분 포

우리나라 서해와 남해로 흐르는 각 하천에 분포하는 한국 고유 어종이
다.

서식지

주로 맑은 하천이나 저수지에 살고, 소리가 나면 잘 놀라며 수초나 돌 밑
에 잘 숨는다.

형 태

몸은 길고 옆으로 납작하다. 머리는 옆으로 납작하고 주둥이의 앞쪽은
둥글다. 입은 작고 주둥이 밑에 있으며 가장자리에는 입수염이 1쌍 있다.
눈은 작고 머리 옆면 중앙보다 약간 앞쪽의 위에 있다. 측선은 거의 직선
이다. 몸의 등쪽은 암녹갈색이고, 배쪽은 담백색이다. 성숙한 수컷은 각
지느러미에 진한 남흑색을 보인다.

어름치

우리나라의 한강과 금강 상류에만 분포하는 한국 고유종이다. 한강 상류에서는 본 종의 집단이 서식하고 있으나 금강에서는 남획과 서식지 교란 등으로 인하여 생존한 개체를 찾아보기가 어려운 실정이다.

서식지

큰 하천의 중상류의 물이 맑고 자갈이 깔려 있는 깊은 곳에서 산다.

형 태

몸은 원통형에 가까우며 옆으로 납작하다. 몸의 앞부분은 굵고 뒤쪽으로 갈수록 가늘며 옆으로는 납작해진다. 배는 다소 편평한 편이다. 등지느러미 앞부분이 높고, 미병부는 가늘다. 주둥이는 길지만 뾰족하지 않고 입술은 얇다. 눈은 머리의 중앙 위쪽에 치우쳐 있고, 상악은 반원형으로 하악보다 약간 길다. 측선의 앞부분은 아래쪽으로 약간 굽어져 있으며, 후반부에는 직선으로 이어진다. 비늘은 비교적 크다. 몸 등쪽은 암갈색이며 배쪽은 은백색이다. 몸의 측면에는 동공 크기보다 약간 작은 흑색점으로 이어지는 줄이 7~8개 있다.

누치

분 포

우리나라 서해안과 남해안으로 흐르는 한강, 낙동강, 섬진강, 영산강, 고창, 만경강, 금강에 분포한다. 국외에서는 베트남, 일본 및 중국에 분포한다.

서식지

맑고 깊은 물이 흐르는 큰 강의 모래와 자갈이 깔려 있는 바닥에서 서식한다.

형 태

몸은 길고 옆으로 납작하다. 주둥이는 길고 끝이 돌출되었다. 주둥이 밑에 있는 입은 말굽 모양이며 입술은 두껍다. 입 가장자리에는 눈의 직경보다 약간 짧은 1쌍의 입수염이 있다. 눈은 비교적 크고, 머리 옆면 중앙의 약간 위쪽에 있다. 몸은 은색으로 등쪽은 어두운 색이지만 배쪽은 은백색이다.

버들가지

우리나라 고유종으로서 강원도 고성군 송현천, 고성 남강, 북부 지방에서는 금강산의 적벽강 상류 안변천에 서식한다.

산간 계류의 물이 맑고 찬 곳에 서식하며, 수서곤충을 주로 먹고 산다.

몸은 버들치나 버들개와 유사하지만 몸이 비교적 짧고 굵은 편이다. 머리는 약간 크고 주둥이는 그 끝이 둥글며 하악이 상악보다 짧고 눈은 크다. 비늘은 작아 육안으로 거의 구별되지 않는다. 등지느러미의 기점은 배지느러미의 기점보다 약간 뒤에 있으며, 등지느러미 기조의 바깥쪽 가장자리의 중앙은 옅게 파였다. 몸은 갈색 바탕에 등쪽은 진하고 배쪽은 옅다. 등지느러미 기부에 흑색 반점이 있다. 체측의 비늘에는 가장자리에 갈색 색소포가 밀집되어 있어 초생달 모양으로 보인다. 살아 있을 때, 가슴지느러미 기부는 진한 황색을 띠고, 등지느러미와 뒷지느러미 및 가슴지느러미 앞부분에는 황색의 띠가 있는 경우가 많다.

103

줄몰개

서해안과 남해안으로 흐르는 각 하천에 분포하며, 중국의 흑룡강과 요하 강 수계에도 서식한다.

서식지

유속이 느리고 바닥에 모래와 진흙이 깔린 비교적 깨끗한 하천 중류에 서식한다.

형 태

몸은 소형으로 장타원형이고 수직방향으로 약간 납작하다. 입은 전방으로 수평이거나 약간 위쪽을 향해 있으며 입가에는 1쌍의 작은 수염이 있다. 상악과 하악은 길이가 거의 같다. 눈은 비교적 작고 머리의 중앙보다 약간 앞의 위쪽에 있다. 측선은 완전하고 거의 직선이다. 몸은 약간 어두운 바탕에 황록색을 띠고 배쪽은 담황색이다. 체측 중앙에는 주둥이 끝에서 꼬리지느러미 기부까지 폭이 넓은 한 줄의 흑갈색 줄무늬가 있으며, 이 띠의 등쪽과 배쪽에 모두 8~9줄의 흑점으로 이어진 희미한 줄무늬가 있다. 각 지느러미에는 뚜렷한 색이나 반점은 없다.

105

쉬리

분 포

한국 고유종으로 우리나라 남부의 한강, 금강, 만경강, 동진강, 울진 왕피천, 삼척 오십천, 섬진강, 낙동강, 그리고 거제도와 여러 하천에서 서식하고 있다. 한강 수계를 제외한 북한 지역에서는 그 분포가 알려지지 않았다.

서식지

하천 중상류의 맑은 물이 흐르는 곳의 여울부 자갈 바닥에서 산다.

형 태

몸은 가늘고 길며 원통형이지만 미병부는 납작하다. 머리는 길고 주둥이 끝은 뾰족하다. 입은 작고 말굽 모양으로 주둥이 앞끝의 아랫면에 있다. 입가에는 수염이 없다. 측선은 완전하고 직선이다. 살아 있을 때, 머리의 등쪽은 녹갈색이고, 몸통의 등쪽은 흑남색이다.

돌고기

우리나라의 함경북도 동해 유입 하천을 제외한 전국 하천에 서식한다. 중국 북부와 일본 남부에도 분포한다.

유속이 완만한 맑은 하천의 자갈이 있는 곳에서 생활한다. 어린 새끼는 수면 가까이에서 떼지어 유영생활을 하나 성장하면서 저층으로 내려간다.

몸은 길고 전반부는 옆으로 약간 납작한 원통형이며, 미병부는 옆으로 납작하다. 머리는 위아래로 납작하지만, 주둥이 말단은 더욱 납작하다. 입은 작으며, 윗입술은 두껍고 그 양측 끝부분은 두꺼워져서 부풀은 모습을 띤다. 몸의 등쪽은 암갈색이고 배쪽은 담황색을 띤다. 체측 중앙에는 주둥이 앞끝부터 눈을 지나서 미병부까지 폭이 넓은 암갈색 줄무늬가 뚜렷하다. 전장 100mm 가 넘으면 암갈색 줄무늬는 분명하지 않다.

109

점몰개

분 포

우리나라 고유종으로 동해 남부 연안에 유입되는 형산강, 영덕 오십천, 죽산천, 송천천과 경남 울주군의 회야강에까지 분포한다. 출현하는 범위가 극히 제한적으로 분포하고 있어 학술적으로 주목되는 종이다.

서식지

모래와 자갈 바닥을 가진 비교적 맑고 천천히 흐르는 얕은 곳에서 생활한다.

형 태

머리는 비교적 길고 납작하며 주둥이는 길다. 입은 주둥이 밑에 있고, 입의 가장자리에는 1쌍의 수염이 있다. 수염 길이는 눈의 직경과 거의 같거나 약간 짧다. 몸은 황갈색으로 등쪽은 약간 짙고 배쪽은 담백색이다. 각 지느러미에는 반점이 없고 무색이다.

눈불개

분 포

국내에서는 대동강, 한강과 금강(강경)에 서식하며 국외에서는 중국에 분 포한다. 지금은 아주 희귀해진 어류로 최근에는 금강 하류에서만 희소하게 출현하므로 보호 대책이 요구된다.

서식지

큰 강의 하류에서 유속이 완만한 곳에 단독으로 생활하다가 생식 시기에 떼를 이룬다.

형 태

몸은 길고 몸통은 원통형이지만 미병부는 납작하다. 머리는 작고 원추형으로 입가에 1쌍의 짧은 수염이 있다. 눈은 머리의 중앙보다 앞쪽에 있고 상악이 하악보다 약간 길다. 체측 상반부는 옅은 갈색이고 하반부는 은백색이다. 등지느러미와 꼬리지느러미는 짙은 회색이고 다른 지느러미는 회백색이다.

잉어목

큰납지리

분 포

우리나라 동해로 유입하는 하천을 제외한 전국의 하천과 저수지, 그리고 중국에도 분포한다.

서식지

유속이 완만한 하천의 심연부나 수초가 우거진 저수지의 바닥 근처에 서식한다.

형 태

몸은 옆으로 납작하고 체고가 높아 체형은 거의 둥글게 보인다. 주둥이는 뾰족하며 입은 작고 말굽 모양으로 등지느러미와 뒷지느러미의 기조에는 2~3줄의 불분명한 줄무늬가 있다. 몸은 거의 금속 광택을 띠는 은백색으로 등쪽은 녹갈색이고 배쪽은 은백색이다. 살아 있는 표본은 체측에 검은색 줄무늬가 나타나지만 죽은 표본은 몸의 후단부 중앙에 암색의 줄무늬가 분명하게 보인다. 뒷지느러미의 가장자리는 금속성 광택을 내는 은색 선이 나타난다.

붕어

분 포

우리나라 담수역의 거의 전역에 분포한다. 한강, 금강, 낙동강, 섬진강, 영산강, 만경강, 울진, 영덕, 경주, 울산, 반포, 용흥, 원산 및 평양에 서식하는 개체에 대한 기록이 있다. 아시아와 유럽 대륙에 널리 분포한다.

서식지

환경에 대한 적응성이 크고 하천 중류 이하의 유속이 느린 수역이나 수초가 많은 곳에 서식한다. 논의 용수로에서도 서식한다.

형 태

몸은 장타원형으로 옆으로 약간 위로 향하며 입가에는 수염이 없다. 측선은 완전하고 중앙은 배쪽으로 약간 휘어져 있다. 몸의 등쪽은 녹갈색이고, 배쪽은 은백색 혹은 황갈색이다. 등지느러미와 꼬리지느러미는 청갈색이고 다른 지느러미는 무색이다. 붕어는 사는 곳에 따라 체색의 변화가 심하여 흐르는 물에 사는 것은 녹청색을 띠고, 고인 물에 사는 개체는 황갈색을 띤다.

끄리

우리나라 동해로 흐르는 하천을 제외한 전 하천에 서식한다. 한강, 금강, 만경강, 영산강, 섬진강, 삽교, 예산 및 평양, 후창, 개천, 삭주, 벽동에 서식하며 중국 북부와 시베리아 유역에도 분포한다.

서식지

큰 강의 하류에 서식하면서 부착조류, 수초와 수서곤충을 먹고 산다.

형 태

몸은 길고 납작하며 후두부는 아주 높다. 입은 매우 커서 문단은 위쪽으로 향해 있다. 몸의 등쪽은 진한 갈색이고 배쪽은 은백색이다. 지느러미는 어두운 색 또는 진한 갈색이다. 생식 시기가 되면 수컷은 머리 밑에서 배까지 주황색을 띠며, 가슴지느러미 배지느러미 그리고 뒷지느러미의 일부도 주황색을 보이고 등쪽은 청자색이다.

납줄개

분포

함경북도의 동해안으로 유입하는 하천과 남한강의 섬강 지류에 서식한다. 유럽 중부와 중국, 만주, 시베리아 남부에 분포한다.

서식지

수초나 갈대가 많은 곳의 흐름이 느린 저수지나 하천에 살면서 미소한 동물, 식물 혹은 유기물을 먹는다.

형태

몸은 납작하고 체고가 높아 옆에서 보면 타원형으로 보인다. 등지느러미의 기저는 거의 직선을 이루다가 갑자기 내려간다. 몸의 등쪽과 배쪽은 대칭을 이루고 있다. 머리는 아주 작고 주둥이는 앞으로 돌출되어 있다. 몸의 등쪽은 어두운 회갈색을 띠지만 체측 아래쪽은 은백색이다. 몸의 후반부 중앙에는 진한 청색의 가느다란 줄이 꼬리지느러미 기부까지 이어진다.

백련어

분 포

원산지는 아시아 대륙의 동부로서 북쪽은 흑룡강 수계로부터 남쪽은 화남 또는 북베트남에 분포한다. 가끔 한강 수계에서 출현한다.

서식지

큰 강의 하류나 그 곳과 연결되는 큰 저수지의 수면 가까이에서 주로 식물성 플랑크톤을 섭식한다.

형 태

몸은 측편으로 체고는 높다. 눈은 작고 체측 중앙보다도 아래쪽에 있다. 입은 주둥이 끝에 비스듬히 위쪽을 향해 있고 수염은 없다. 몸의 등쪽은 녹갈색을 띠고, 복부는 은백색이며, 배지느러미와 가슴지느러미의 가장자리는 노란색을 띤다. 산란기에는 암수 모두 암갈색으로 된 주름 모양의 반문을 나타낸다.

칼납자루

분 포

금강 이남의 황해로 유입하는 하천과 남해로 유입하는 하천에 분포하는
한국 고유종이다.

서식지

평야부 하천의 수초가 있는 곳의 중하층에 적은 떼를 지어 산다.

형 태

몸은 옆으로 납작하고 방추형이다. 체측에는 반점과 반문이 없다. 주둥이
는 둥글고 등지느러미와 뒷지느러미는 약간 둥글게 되어 있다. 입가에 있
는 1쌍의 수염은 길고 눈은 약간 커서 머리 옆면 중앙보다 조금 앞쪽에
있다. 몸은 암갈색으로 등쪽은 짙고, 배쪽은 연하다. 등지느러미와 뒷지
느러미의 기부는 암갈색이고 안쪽 가장자리는 폭이 넓은 황색 띠가 있으
며 바깥쪽 가장자리는 가느다란 흑색선이 있다.

갈겨니

분 포

우리나라 황해와 남해로 흐르는 여러 하천과 저수지에 서식하고 동해안으로 흐르는 일부 하천에도 출현한다. 한강, 금강, 낙동강, 섬진강, 영산강, 만경강, 탐진강, 벽동, 개천, 자성, 회양, 원통, 영덕, 울진, 경주 등에서 분포한다.

서식지

하천 중상류의 물 흐름이 비교적 완만한 곳에 서식하며 상류 계곡까지도 올라가면서 주로 수서곤충을 먹고 산다.

형 태

몸은 옆으로 몹시 납작하고 길다. 머리는 비교적 큰 편이고 눈도 크다. 주둥이는 짧고 끝은 다소 뭉툭하다. 상악의 후단에 있는 구각부는 안와 전연의 아래에 이른다. 입수염은 없다. 비늘은 원린이며 크고 기왓장 모양으로 배열되었다. 등쪽의 체색은 녹갈색이며, 배쪽은 은백색, 체측 하단부는 황색이다. 체측 상단부는 연한 녹갈색이다. 등지느러미 기점 아래의 체측 중앙에서부터 미병부 까지에는 청색이나 담흑색의 폭이 넓은 띠가 있다.

피라미

분 포

우리나라에서는 서해와 남해로 유입하는 하천과 저수지에 분포한다. 북한 수역의 개천, 평양, 삭주, 수풍에도 아주 흔하다. 국외에서는 중국, 대만 그리고 일본에도 분포한다.

서식지

물이 맑은 하천 중류의 여울에서 많이 나타나며 자갈이나 모래에 붙어 있는 수서곤충의 유충을 잡아먹으려 서식한다.

형 태

몸은 측편되고 길다. 입은 머리의 전단 아래에서 위쪽을 향해 있으며, 상악이 하악보다 앞으로 돌출되었고 상악의 후단은 눈의 앞쪽 가장자리의 밑에 달한다. 측선 비늘은 완전하며 배쪽으로 심하게 휘어 있다. 몸은 진한 청색 바탕에 등쪽은 더 짙고 배쪽은 은백색이다. 체측에는 10~13개의 청갈색 횡반이 있으며, 그 중간에는 연한 적색이나 황색을 띤다.

떡붕어

분 포

일본 비와 호가 원산이나 일본 전역에 이식되었고, 국내에서도 이식 정착되어 저수지와 대형 댐의 여러 곳에 분포한다.

서식지

떡붕어는 저수지나 흐름이 완만한 하천의 하류부 약간 깊은 곳의 중층이나, 때로는 표증의 가까이에서 떼지어 다니는 경우도 있다.

형 태

외형은 붕어와 비슷하나 체고가 현저히 높고, 머리의 앞쪽 주둥이는 앞으로 약간 돌출되고 납작하다. 입은 주둥이 끝에서 위쪽으로 향해 있으며 입술은 얇고 수염은 없다. 살아 있을 때, 몸의 등쪽은 회색 혹은 약간 푸른 빛을 띤 회색이지만 배쪽은 은백색이다. 등지느러미나 꼬리지느러미는 회색이지만 그 외의 지느러미는 백색이다.

잉어목

버들치

우리나라 서·남해로 유입되는 하천의 상·중류와 남부 동해안에 있는
하천 한강, 낙동강, 만경강, 금강, 섬진강, 영산강, 탐진강, 안성천, 영덕
오십천, 태화강, 양산 및 거제에 분포한다.

서식지

산간 계류의 찬물이나 강의 상류에 흔하게 살면서 수서곤충이나 갑각류,
실지렁이, 부착조류를 먹고 산다.

형 태

몸은 가늘고 길며 약간 납작하다. 입은 주둥이 끝에서 약간 아래쪽에 있
고 상악이 하악을 둘러싸며 그 전단은 뾰족하고 돌출되었다. 입수염은
없다. 몸은 황갈색 바탕에 등쪽은 암갈색이고 배쪽은 담색이다. 체측의
등쪽에는 흑갈색의 작은 반점이 산재해 있다.

버들개

분 포

국내에서는 동해안으로 유입되는 하천 가운데, 강릉 남대천과 그 이북에 있는 하천에 서식한다. 중국의 북부, 만주 및 일본의 북부와 연해주 등지에 분포한다.

서식지

산간 계류의 물이 맑고 용존 산소가 많은 차가운 수역에서 큰 개체와 작은 개체가 떼지어 서식하며 유영생활을 한다.

형 태

몸은 가늘고 길며 옆으로 약간 넙적하다. 주둥이는 끝이 뾰족하며, 하악이 상악보다 약간 짧다. 입수염은 없다. 측선은 완전하다. 등지느러미 기점은 외비공과 꼬리지느러미 기저의 중간에 있다. 몸은 황갈색이나 버들치보다는 황색이 옅다.

참붕어

분 포

우리나라 전 담수역과 북한 지역에 서식하며, 국외에서는 흑룡강 수계, 중국, 대만 그리고 일본에도 분포한다.

서식지

저수지와 하천의 얕은 표면층 가까이에서 떼를 지어 산다.

형 태

몸은 길고 옆으로 납작하며 비늘은 크다. 입은 작아서 앞에서 보면 일자형이며, 상악의 말단은 비공의 앞에도 미치지 않는다. 하악은 상악보다 길다. 눈은 머리 옆면 중앙보다 약간 앞쪽 위에 있으며 수염은 없다. 몸 바탕은 은색으로 등쪽은 암갈색을 띤다. 몸 측면에 있는 각 비늘의 뒤쪽 가장자리는 초생달 모양으로 검게 되어 있어 작은 반점이 규칙적으로 배열되어 있다. 체측면 중앙에는 뚜렷하지 않는 암색 가로 줄무늬가 있고 지느러미는 회백색이다.

강준치

분포

임진강, 한강 및 금강 등에 서식하고 북한 지역에서는 압록강과 대동강에 분포한다. 중국의 화북 지방, 흑룡강 수계 및 대만에도 분포한다.

서식지

큰 강 하류의 수량이 많고 유속이 완만한 곳에 서식하며, 갑각류, 수서곤충 및 치어를 먹고 산다.

형태

몸은 측편되고 길며 등쪽의 외곽선은 거의 직선에 가깝다. 머리는 작은 편이고 그 등쪽은 약간 안으로 굽었다. 하악이 발달하여 전상방으로 돌출되어 구각이 거의 수직이다. 비늘은 둥글고 얇으며 측선은 완전하여 그 앞부분은 배쪽에서 활처럼 아래쪽으로 굽어 있으나, 후반부는 거의 직선이다. 몸은 은백색으로 등쪽은 청갈색이다. 포르말린에 고정된 표본은 옆면에 검은색의 줄무늬가 보인다. 모든 지느러미는 반문이 없고 무색이다.

긴몰개

분 포

우리나라 서해안과 남해안으로 유입된 하천에 분포한다. 한국 고유 어종이다.

서식지

유속이 완만한 하천이나 저수지에 살고 수초가 우거진 곳에 더 많이 모여든다.

형 태

몸은 길고 옆으로 약간 납작 하지만 산란기의 암컷은 복부가 커져서 체고가 약간 높다. 주둥이는 뾰족하고 그 밑에 입이 있다. 하악은 상악보다 약간 짧고 상악 후단은 후비공 아래에 달한다. 눈은 크고 머리 중앙부 보다 약간 앞쪽에 있다. 살아 있을 때의 몸은 은백색으로 등쪽은 약간 어둡고 배쪽은 은백색이다. 머리와 몸통의 등쪽에는 불규칙한 작은 흑점이 산재하여 나타난다. 각 지느러미는 담황색으로 흑색 반점이 없다.

치리

분 포

우리나라 서·남해에 유입하는 남부 하천 가운데, 한강과 임진강 및 동해 안으로 유입하는 하천을 제외한 거의 모든 하천에 서식한다. 수원을 포함한 안성천, 금강, 만경강, 동진강, 영산강과 섬진강에 분포한다.

서식지

강물이 완만하게 흐르는 곳이나 저수지에 살면서 물의 표층이나 중층에 서 유영한다.

형 태

몸은 측편되고 약간 길다. 비늘은 크고 얇으며 벗겨지기 쉽다. 주둥이 끝에 있는 작은 입은 위쪽을 향하고 있고 입수염은 없다. 눈은 크고 머리 중앙보다 앞쪽에 있다. 몸의 등쪽은 청갈색이지만 배쪽은 금속 광택의 은백색이다. 등지느러미와 꼬리지느러미는 황록색을 띤다.

황어

섬진강, 낙동강, 진교천, 진동천, 회야강, 태화강, 곡강천, 영덕 오십천, 축산천, 송천천, 왕피천, 가곡천, 마읍천, 삼척 오십천, 강릉 남대천, 연곡천, 양양 남대천, 쌍천, 간성 북천, 명파천, 송현천과 북한의 동해안으로 유입하는 하천에 분포한다.

서식지

바다와 하천을 드나드는 회유성 어류이다. 거의 대부분 일생을 바다에서 보내고 산란기인 3월 중순경에 하천으로 올라온다. 물이 비교적 맑은 하천에서 수서곤충, 어린 물고기, 물고기 알, 갑각류, 조개, 식물의 잎, 줄기 및 씨 등을 먹는다.

형 태

몸은 길게 측편되었고 문단은 뾰족하다. 입술은 말굽형으로 비스듬히 위쪽을 향해 있고 상악의 후단은 안와 전단의 바로 아래에서 끝난다. 측선은 완전하다. 등쪽은 암청갈색 혹은 황갈색이고 배쪽은 은백색이다. 황어란 이름은 이와 같은 체색 때문에 붙여진 것이다.

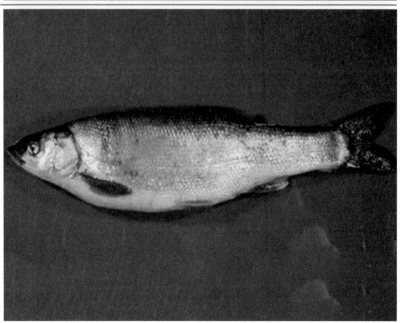

버들매치

분 포

우리나라 서해안으로 유입하는 하천에 분포한다. 국외에는 중국과 일본에도 분포한다.

서식지

유속이 완만하고 바닥에 모래나 진흙이 깔려 있는 하천이나 저수지에 산다. 모래나 진흙 속으로 파고 들어가서 몸을 묻기도 한다.

형 태

몸의 겉모양은 모래무지와 매우 유사하지만 모래무지보다는 더 뭉툭하다. 머리는 크지만 주둥이는 짧은 편이고 입은 주둥이 끝의 아래쪽에 있다. 머리의 눈 앞부분은 오목하게 들어갔으며, 눈은 작고, 머리의 중앙에 있다. 측선은 거의 직선이다. 몸은 옅은 갈색으로 등쪽은 어둡고 배쪽은 은백색에 가까우며 각 지느러미는 담황색으로 가슴지느러미에는 약간의 흑색 반점이 있고, 등지느러미와 꼬리지느러미에는 흑색 줄무늬가 있다. 생식 시기의 수컷은 등쪽이 남색이고, 배지느러미는 주황색을 띤다.

잉어목

돌마자

분 포

한강, 금강, 만경강, 영산강, 탐진강, 섬진강, 낙동강, 압록강, 대동강에 분포한다. 한국 고유종이다.

서식지

유속이 완만한 하천의 자갈이나 모래 바닥에 산다.

형 태

몸은 길고 위아래로 약간 납작하며 머리와 배는 편평한 편이다. 주둥이는 짧고, 입은 말굽 모양으로 주둥이 아래에 있으며, 배의 복면에는 비늘이 없다. 머리와 몸의 등쪽은 옅은 청갈색이고, 배쪽은 은백색이다. 등지느러미와 꼬리지느러미에는 작은 흑점들이 규칙적으로 배열되어 3~4개의 줄무늬를 이룬다. 산란기가 되면 수컷의 가슴지느러미와 몸 전체가 검은 색을 띤다.

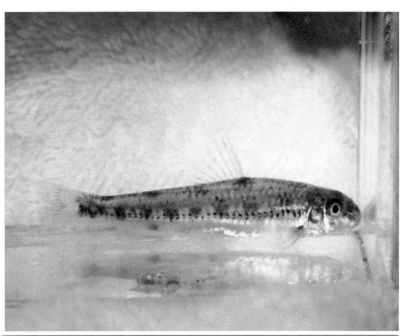

149

금강모치

분 포

한강의 최상류의 여러 지류에는 비교적 많은 개체가 서식한다. 금강에서는 최상류인 무주 구천동 계곡에서만 제한적으로 분포한다. 대동강과 압록강에서도 분포하는 한국 고유종이다.

서식지

본 종은 심산 유곡의 물이 맑고 찬 계류에 서식하면서 주로 수서곤충이나 작은 갑각류를 먹고 산다.

형 태

몸은 길고 납작하며 입은 주둥이 앞쪽 아래에 있다. 체측에는 작은 비늘이 덮여 있고 측선은 완전하며 거의 직선이다. 주둥이는 뾰족하고 눈은 비교적 크다. 몸의 등쪽은 황갈색이고 배쪽은 은백색이다. 가슴지느러미 기부에도 주황색을 띤다. 등지느러미 기부 위에는 뚜렷한 흑색 반점이 있어 버들치나 버들개와 잘 구별된다.

151

중고기

분 포

우리나라 서해와 남해로 유입하는 하천에 분포하는 한국 고유 어종이다.

서식지

유속이 완만한 강이나 저수지의 바닥 가까이에 산다. 바닥은 진흙이 섞인 모래와 자갈이 깔려 있고 수초가 있는 곳을 선호한다. 그림자나 소리 등의 외부 자극에 민감하게 반응한다.

형 태

몸은 길고 옆으로 납작하지만 몸통의 단면은 원통형에 가깝다. 주둥이의 앞끝은 둔하고, 둥글며 입은 주둥이 밑에 있고 말굽 모양이다. 입가에는 수염이 아주 미세하여 없는 것처럼 보인다. 등쪽은 암녹갈색이고, 배쪽은 은백색이다. 어린 개체의 체측 중앙에는 검은색의 종대가 뚜렷하나 성체에서는 불분명하다. 몸의 측면에는 불규칙한 흑갈색의 반점이 산재한다.

연준모치

분 포

우리나라 남부 지방에는 강원도 삼척 오십천과 정선군의 남한강 상류에 서식하고 북부 지방에는 압록강, 두만강 및 함경남북도 일대에 분포한다. 국외에는 유럽, 시베리아, 중국 대륙에 널리 분포한다.

서식지

물이 맑고 찬 계류의 자갈이 깔린 곳에 떼지어 살며, 수서곤충, 소형의 갑각류, 부착조류 및 동식물의 조각을 먹고 산다.

형 태

몸은 길고 측편되어 있고, 입의 전단은 뭉툭하고 아래쪽에 있으며 하악은 상악보다 짧다. 수염은 없다. 등쪽은 녹갈색 혹은 보라빛을 띤 갈색이고 배쪽은 은백색이다. 산란에 수컷은 체측에 진한 주황색을 띤다.

납자루

분 포

서해안과 남해안으로 유입하는 우리나라의 전 하천에 서식한다. 국외에서는 일본에도 분포한다.

서식지

다른 종류에 비하여 유속이 빠르고 수심이 얕으며 바닥에 자갈이 많이 깔린 곳에 주로 서식한다.

형 태

몸은 옆으로 납작하고 체고는 비교적 낮다. 체측에 암점은 없고, 등지느러미 기점 아래의 후방에서 시작하는 가느다란 줄무늬가 있다. 입수염은 1쌍으로 눈의 직경보다 약간 길다. 몸은 금속성 광택을 띠며 은백색 바탕에 등쪽은 청갈색이고 배쪽은 은백색이다. 몸통의 중앙 후반부에 가느다란 청흑색 줄이 미병부까지 이어진다. 등지느러미와 뒷지느러미의 가장자리는 선홍색을 띤다.

157

왜매치

동해 연안으로 유입되는 하천을 제외한 우리나라 서·남부 지방의 대부분 하천 중·하류에 분포하는 한국 고유종이다.

모래나 자갈이 깔려 있고 물살이 그다지 빠르지 않은 여울의 바닥 가까이에서 떼지어 산다.

몸의 겉모양은 돌마자와 비슷하지만 소형이다. 머리는 작고 약간 납작하며 주둥이는 짧고 둔하다. 입은 주둥이 밑에 초생달 모양으로 되어 있고, 눈은 비교적 크며 머리의 등쪽에 있다. 담갈색 바탕에 등쪽은 약간 짙으며, 배쪽은 밝은 색이다. 몸의 상단부에는 작은 흑점이 산재하고 체측 중앙에는 불분명한 반점이 측선을 따라 7~8개의 흑색 반점이 배열되어 있다.

159

흰줄납줄개

분 포

국내에서는 동해안으로 유입되는 하천을 제외한 우리나라 전국의 담수역과 일본, 중국 대륙의 남부 및 대만 등지의 동아시아 지역에 분포한다.

서식지

유속이 완만하고 수초가 우거진 하천이나 저수지에 서식한다.

형 태

몸은 옆으로 아주 납작하고 체고는 아주 높으며 체형은 타원형이다. 입은 아주 작고 머리 등쪽의 뒷부분은 오목하다. 입수염은 없고 입술은 얇다. 눈은 비교적 크고 머리 옆면 중앙보다 약간 앞쪽 위에 치우쳐 있다. 몸은 담갈색으로 등쪽은 짙고, 배쪽은 연하다. 살아 있을 때, 몸 옆구리 중앙의 후단부에는 청녹색의 가로 줄무늬가 있는데, 앞쪽은 아주 가늘고 중간 부분에서는 약간 굵어지다가 꼬리지느러미 기부에서는 사라진다.

161

납지리

우리나라 동해로 유입되는 하천을 제외한 전 하천에 서식하며 일본에도 분포한다.

서식지

하천의 중하류나 저수지에 서식한다.

형 태

몸은 옆으로 납작하고 체고는 비교적 높다. 주둥이는 앞으로 돌출되어 있다. 입의 가장자리에는 수염이 있다. 등쪽은 청갈색, 배쪽은 은백색이다. 새개 바로 뒤에는 암청색의 작은 반점이 있다. 등지느러미와 뒷지느러미 기조의 담갈색 바탕에 2줄의 담색 줄무늬가 있다. 산란기가 되면 수컷은 등쪽의 청록색이 진하게 되어 있으며, 배쪽은 선홍색을 띠고 등지느러미, 배지느러미, 그리고 뒷지느러미의 가장자리는 선홍색으로 변한다.

줄납자루

한반도의 동해안으로 유입하는 하천을 제외한 한반도 전역에서 분포하는 한국 고유종이다.

흐르는 하천에 펄과 자갈이 섞여 있고 수심 30~80cm 인 곳에서 산다.

몸은 옆으로 납작하고 체고는 납자루 속 어류 가운데 가장 낮다. 주둥이는 앞으로 약간 돌출되었다. 새공 상단에 선명한 검은점이 있으며 여기에서부터 꼬리자루까지 흑색 종대가 있다. 몸은 푸른색 바탕에 등쪽은 암색이고, 복부는 은백색이다. 몸의 옆구리에는 여러 줄의 암청색 줄무늬가 있으며 미병부의 중앙을 지나는 줄무늬가 가장 길어 현저하며 앞으로는 아가미 뒤쪽 가장자리에 이른다.

모래무지

분 포

우리나라 서해와 남해 연안으로 흐르는 한강, 낙동강, 섬진강, 영산강, 만경강, 금강 및 삼척 오십천, 고창, 양산, 거제, 예산, 유진, 삭주, 평양, 개천 등에 널리 서식하며 국외에서는 중국과 일본에 분포한다.

서식지

물이 맑고 모래가 깔린 바닥에 살거나 때로는 모래 속에 파고드는 습성을 가지고 있다.

형 태

몸은 길고 원통형이며 뒤쪽으로 갈수록 점차 가늘어진다. 미병부는 낮고 옆으로 납작하다. 머리는 길고 뾰족하다. 주둥이는 길고 그 밑에 입이 있다. 입은 작고 말굽 모양이다. 입술은 윗입술과 아랫입술의 기부에 피질 소돌기로 덮여 있다. 몸 등쪽은 흑갈색이고 배쪽은 회색이다. 등지느러미, 꼬리지느러미, 가슴지느러미와 배지느러미에도 소흑점이 있으나 뒷지느러미는 담색이다.

떡납줄갱이

분 포

서해와 남해로 흐르는 각 하천과 그 주변 저수지에 서식한다. 중국 대륙의 산동성 제남에도 분포한다.

서식지

흐름이 완만한 하천이나 수초가 많은 곳의 바닥 가까이에서 3월 중순과 4월 중순에 우점하여 출현한다.

형 태

몸은 측편 되었으나 체고는 비교적 낮고 몸은 긴 편이다. 측선은 불완전해서 처음 4번째 비늘까지에만 개공되었다. 입은 작고 문단 아래쪽에 있으며 수염은 없다. 몸의 등쪽은 담갈색으로 등지느러미 앞쪽은 비교적 진하지만 배쪽은 담회색이다. 산란기가 되면 수컷은 주둥이 밑부분, 동공의 뒷쪽, 등지느러미 및 뒷지느러미의 가장자리는 주홍색을 띤다. 그리고 복부는 검은색이 현저해지고 꼬리지느러미 기부 중앙도 검은색을 띤다.

왜몰개

분 포

서해안과 남해안으로 흐르는 여러 하천과 그 유역인 한강, 안성천, 삽교천, 금강, 만경강, 인천강, 탐진강, 섬진강, 거제, 낙동강, 벽동, 강계, 평양, 성천, 석모, 인천, 백령도에 서식하며 국외에서는 대만, 중국과 일본에도 분포한다.

서식지

하천 중하류의 소하천이나 농수로의 흐름이 거의 없는 곳에서 떼를 지어 서식한다. 송사리와 혼서하는 경우가 많다.

형 태

몸은 소형으로 옆으로 납작하며, 체고가 높다. 입은 크고 머리 전단에서 위쪽으로 향해 있고 그 후단은 안와 전연의 바로 아래에 이르며 하악은 상악보다 길고 입수염은 없다. 등쪽은 옅은 갈색이고 배쪽은 은백색이다. 체측 중앙에는 윤곽이 뚜렷하지 않는 폭이 넓은 갈색 띠가 미병부까지 이어진다. 등지느러미와 꼬리지느러미는 어두운 색이고 다른 지느러미는 무색이다.

새미

분포

임진강, 한강 및 삼척 오십천 등의 수계와 압록강, 청천강, 대동강, 장진강 등의 북한의 하천에 분포한다. 국외에서는 중국의 흑룡강 수계에도 분포한다.

서식지

하천의 상류나 계류에서 바위 틈 사이를 유영하면서 바위 표면에 붙어 있는 부착조류를 주로 먹고 산다.

형태

몸은 길고 옆으로 납작하다. 머리는 옆으로 약간 납작하고 주둥이는 둥글다. 입은 주둥이 밑에 있으며 일자형으로 작다. 입 주변에는 1쌍의 작은 수염이 있고, 눈은 작으며, 머리의 옆면 중앙보다 약간 앞의 위쪽에 치우쳐 있다. 등쪽은 암갈색이고 배쪽은 담갈색이다. 몸 옆면 중앙에는 폭이 넓은 암갈색 종대가 있는데, 어린 개체는 뚜렷하지만 비교적 큰 개체는 종대가 희미하다. 생식 시기의 수컷은 가슴지느러미, 배지느러미 및 뒷지느러미의 극조부에는 선홍색이 엷게 나타난다.

초어

분 포

원산지는 아시아 대륙 동부로 양자강과 흑룡강 등의 큰 강에서 자연번식이 가능한 것으로 알려졌다. 중국, 베트남, 라오스 등지에 자연 분포하며, 양식 대상종으로 여러 지역으로 이식되어 세계에 널리 분포한다. 한강, 낙동강, 금강 및 섬진강 수계에서 출현한다.

서식지

습성은 잉어류와 비슷하여 온도 15~30℃ 범위 안에서 활발히 움직이고 수초나 육상의 부드러운 식물의 풀 또는 나뭇잎을 잘 먹는 초식성이다.

형 태

몸은 길지만 옆으로 납작하지 않다. 머리 앞쪽이 넓고 머리 아래쪽에 입이 있다. 등지느러미는 약간 둥글고 그 기점은 배지느러미보다도 약간 앞쪽에 있다. 새개골에는 방사 줄무늬가 있다. 측선은 미병부 중앙을 따라 지난다. 몸 등쪽은 회갈색이며, 체측과 복면은 은백색이다. 모든 지느러미는 약간 검게 보이고 비늘의 기부는 진한 갈색이다.

대두어

분 포

원산지는 중국 대륙 남부와 라오스, 베트남 등의 온대 및 열대 지방 호수이다. 세계적으로 중요한 양식 대상종으로 널리 이식돼 분포한다. 한강 수계에 가끔 출현한다.

서식지

용존 산소의 양이 적은 곳에서도 잘 견디어 낸다. 백연어보다 더 깊은 곳을 좋아한다.

형 태

몸은 긴 난원형이고 측편되었다. 입수염은 없고, 배쪽 중앙 배지느러미 기부 앞쪽으로부터 항문까지 융기연이 있다. 비늘은 둥글고 측선은 완전하다. 앞부분에서는 아래쪽으로 굽어져 내려오고 그 다음부터는 거의 직선으로 이어진다. 백연어보다 체색이 더 검고 등쪽에는 암녹색의 구름 모양 반점이 있다.

기름종개

우리나라에서는 낙동강 수계와 형산강에만 서식하며 국외에서는 중국에 분포한다.

서식지

기름종개는 하천의 중류나 상류의 모래가 깔린 곳에서 서식하며 부착조류와 작은 절지 동물을 먹고 산다.

형 태

몸은 길고 옆으로 납작하며 특히 머리의 등쪽 양 눈 사이가 아주 좁다. 입은 주둥이 아래에 있고 밑에서 보면 반원형이다. 비늘은 작고 피부에 묻혀 있고 머리에는 없다. 꼬리지느러미 후연은 거의 반듯하다. 몸의 바탕은 담황색으로 배쪽은 무늬가 없다. 몸의 옆면에는 감베타 반문이 뚜렷하며 체측에는 9~12개의 타원형 또는 직사각형의 갈색 반문이 종렬하고, 등쪽에는 체측 반문과 거의 연결되는 갈색 반점, 혹은 폭이 넓은 줄무늬가 있다. 산란기가 되면 수컷은 점열형 반점이 흐려지면서 종대형과 비슷한 반문을 가진 개체들이 많이 나타난다.

179

왕종개

분 포

우리나라 고유종으로 섬진강, 낙동강을 비롯하여 우리나라 남해안으로 유입하는 하천과 인접한 도서 지방의 담수역에서 출현하며, 동해안으로 유입하는 하천 가운데는 태화강 이남의 하천 수계에 출현한다.

서식지

하천 중상류의 유속이 빠르고 자갈이 있는 곳에서 주로 수서곤충을 먹고 산다.

형 태

몸은 굵고 옆으로 약간 납작하다. 머리는 길고 납작하다. 주둥이는 길고 돌출되어 있으며 끝이 뾰족하다. 눈은 머리의 중앙 위쪽에 있으며 입은 작고 주둥이의 밑에 있으며, 입술은 육질로 되어 있고 아랫입술은 중앙부에 둘로 갈라진 구엽이 있으며 그 끝은 뾰족하다. 입수염은 3쌍이다. 담황색 바탕에 갈색의 반문이 등과 몸의 옆면에 있다. 등에는 가로무늬가 있고 이는 체측 위쪽까지 연결된다.

줄종개

분 포

우리나라에서는 섬진강 수계에서만 분포하고 국외에서는 일본에만 나타난다.

서식지

하천 중류의 유속이 완만하고 깨끗한 하천의 모래 바닥에 산다.

형 태

몸은 가늘고 길며 옆으로 약간 납작하다. 머리도 약간 길고 납작하며 눈은 작고 양안 간격이 아주 좁다. 주둥이는 긴 편이며 그 밑에는 작은 입이 있고, 입수염은 3쌍이다. 몸 바탕은 담황색으로 머리에는 눈을 가로지르는 암갈색의 폭이 좁은 줄무늬가 있으며 뺨에는 갈색 반점이 산재한다. 몸의 옆면에 두 줄의 암색 종대가 있으며 그 사이에 희미한 불연속적인 선이 있다.

동방종개

분 포

우리나라 고유종으로 동해로 유입되는 형산강, 영덕 오십천, 축산천 및 송천천에 분포한다.

서식지

하천 중하류의 유속이 느리거나 거의 정체된 맑은 물의 모래와 자갈이 있는 곳의 바닥에 서식하고 있다.

형 태

머리와 몸은 굵고 옆으로 납작하며 머리는 길다. 눈은 작으며 새개 후연보다 주둥이 끝에 가깝게 위치한다. 입은 작고 주둥이 밑에 있으며 입술은 육질로 되어 있고, 아랫입술은 가운데 홈이 있어 2개의 구엽을 이룬다. 체색은 담황색 바탕에 갈색의 반문이 등쪽과 체측면에 있다. 머리의 옆면에는 주둥이 끝에서 눈에 이르는 암갈색의 줄무늬가 있고, 등쪽에는 7~9개의 가로무늬와 그와 이어지는 구름무늬가 있다.

185

미꾸리

분 포

우리나라의 전 담수역에서 출현하며 중국과 일본에도 분포한다.

서식지

늪이나 논 혹은 농수로 등 진흙이 깔린 곳에서 많이 살고 있다.

형 태

몸은 길게 세장되었으며 몸은 원통형이지만 미병부는 약간 납작하고 머리는 원추형으로 위아래로 약간 납작하다. 주둥이는 길며, 입은 주둥이 끝의 아래에 말굽 모양으로 되어 있다. 입수염은 3쌍으로 윗입술 가장자리에 있고 아랫입술의 중앙에는 잘 발달된 구엽이 있다. 체색이나 반문은 변이가 심하지만 노란색 바탕에 등쪽은 암청갈색, 배쪽은 담황색이다. 몸과 머리의 옆면에는 불분명한 소흑점이 산재하지만 등지느러미와 꼬리지느러미에는 작은 흑점이 규칙적으로 배열되어 있다. 특히 꼬리지느러미 기부의 등쪽에는 1개의 작은 흑점이 있다.

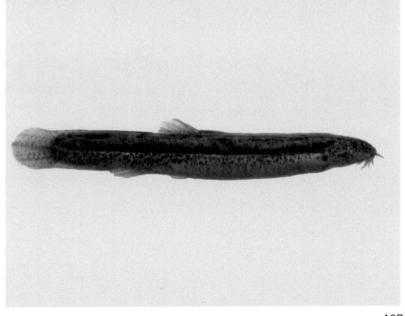

수수미꾸리

분포
낙동강 수계에만 분포하는 우리나라 고유종이다.

서식지
하천 상류의 물이 맑고 유속이 아주 빠르며 큰 자갈이 많은 곳의 바닥에서 주로 부착조류를 먹고 산다.

형태
몸은 가늘고 길며 머리와 함께 옆으로 납작하다. 머리와 눈이 작으며 주둥이는 길고 둔하다. 입은 주둥이의 아래에 열리는데 입가에는 3쌍의 짧은 수염이 있다. 눈의 아래에는 끝이 두갈래로 나누어지는 안하극이 있다. 살아있을 때 몸은 황색을 띠고 머리, 주둥이, 입수염, 가슴지느러미 및 배지느러미 등은 주황색을 띤다. 머리의 옆면에는 작은 흑점들이 산재한다. 몸의 옆면에는 13~18개의 폭넓은 암갈색 수직의 긴 반문이 등쪽에서 배쪽까지 길게 내리어진다. 등지느러미와 꼬리지느러미에는 폭이 넓은 2~3줄의 흑색 줄무늬가 있다.

북방종개

분 포

우리나라에서는 강릉 남대천 이북의 동해로 유입하는 하천에 서식하며 국외에서는 중국, 몽고 그리고 시베리아에 분포한다.

서식지

하천 중하류의 바닥이 모래인 곳에 서식하며 주로 수서곤충을 먹고 산다.

형 태

몸은 가늘고 길며 옆으로 납작하다. 미병부도 가늘며 납작하다. 머리는 옆으로 납작하고 눈은 작다. 입은 주둥이의 아래에 있고 입술은 육질로 되어 있으며 입수염은 3쌍이다. 체색은 담갈색 바탕에 등쪽은 짙고 배쪽은 연하다. 머리의 옆면에는 주둥이 끝에서 눈에 이르는 암갈색 줄무늬가 있고 검은색의 작은 반점이 흩어져 있다.

백조어

낙동강에 서식하고, 북한 지역에서는 대동강과 중국 대륙과 대만에 분포한다.

큰 강의 중류와 하류에 걸쳐 유속이 완만한 곳에 살면서 육식성으로 갑각류, 수서곤충 및 치어를 먹고 산다.

몸은 측편되었고 길다. 체폭은 비교적 넓고 머리는 납작하며 머리의 등쪽은 아래쪽으로 약간 굽어져 있다. 하악은 발달되어 위쪽으로 돌출되어 있다. 하악의 입술은 상악의 입술보다 훨씬 넓고 크다. 비늘은 크고 둥글며 기왓장 모양으로 덮여 있다. 측선은 완전하고 전반부는 아래쪽으로 굽어져 있으나 후반부는 거의 직선이다. 복부의 융기연은 가슴지느러미 후단에서 시작하여 총배설강 직전에 이른다. 몸은 금속성 광택을 띠는 은백색으로 등쪽은 다소 푸른색을 띠며, 배쪽은 은백색이다. 모든 지느러미는 반문이 없으며 등지느러미는 다소 검고 뒷지느러미와 꼬리지느러미는 노란색을 보인다.

철갑상어

분 포

우리나라 서해 연안으로 유입하는 한강, 금강, 영산강, 여수 및 울산 등의 강 하구에 가끔 출현한다. 일본 규슈 연안과 중국 남부 연해에서 서식한다.

서식지

회유성 어류로 산란기에 큰 강에서 나타난다.

형 태

몸은 긴 원통형으로 주둥이는 길고 뾰족하며 주둥이 아래쪽에 입이 있고 4개의 수염이 있다. 이빨은 없으며 좌우의 새막은 유리되어 있다. 등지느러미와 뒷지느러미는 1개, 등지느러미는 배지느러미의 후방에 위치하고 꼬리지느러미는 부정형이다. 머리와 몸은 청회갈색, 배쪽은 회백색이다.

큰가시고기

분 포

우리나라 전 연안으로 유입되는 하천에 분포한다. 1988~89년에는 주로 동남해안으로 유입되는 하천에서 큰가시고기의 집단이 대량으로 출현한 적도 있었다. 일본의 북해도, 연해주, 북미 및 유럽 등지에 널리 분포한다.

서식지

연안에서 생활하다가 산란기에 하천 하류로 이동한다.

형 태

체형은 심하게 측편되어 있다. 하악은 상악보다 약간 길다. 등쪽에는 날카로운 가시가 3개 있고, 배지느러미와 뒷지느러미에도 날카로운 가시가 1개씩 있다. 산란기가 아닐 경우의 체색은 전반적으로 연갈색을 띠고, 복부만이 은색과 황금색을 나타낸다. 산란기가 되면, 수컷은 체표면 전체가 암청색을 띠고 체측 상부의 일부와 배쪽은 밝은 적색을 띤다. 암컷은 체측과 복부에 밝은 은색이나 황금색을 띤다.

실고기

분 포

우리나라 전 연안과 강 하구에 분포하고 일본, 대만 및 블라디보스톡에도 분포한다.

서식지

연안과 강하구에 해초와 비슷한 체색을 가지고 해초 사이에서 살면서 관상의 주둥이로 작은 갑각류 등을 흡입하여 섭식한다.

형 태

몸은 가늘고 길며 몸에는 체륜상 골판으로 덮여 있다. 주둥이는 매우 길며, 양안은 아주 작고 이빨이 없다. 항문의 앞쪽으로 18~20, 뒤쪽으로 39~43개의 가시가 없는 체륜이 있다. 흔적뿐인 꼬리지느러미와 가슴지느러미가 있다. 배지느러미는 없다. 수컷에는 꼬리의 배쪽에 육아낭이 달려 있다. 몸은 짙은 갈색이고 작은 흰 점이 산재한다.

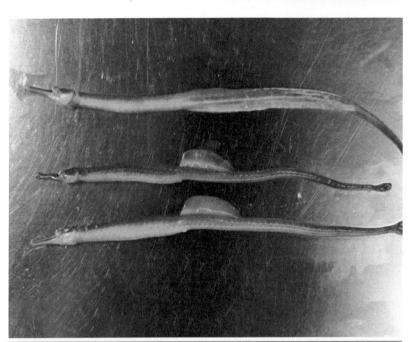

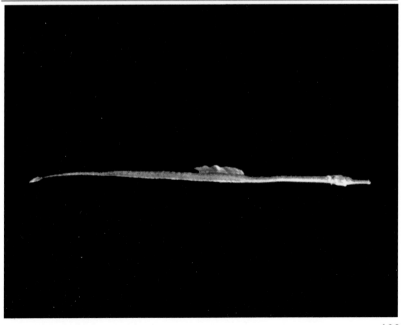

산천어

분 포

우리나라에서는 울진 이북의 동해로 유입되는 하천(간성 북천, 양양 남대천, 청진)에 서식하며 국외에서는 일본, 알래스카 그리고 러시아에 분포한다.

서식지

산천어는 송어의 육봉형으로서 바다로 내려가지 않고 담수역에서 일생동안을 산다. 물이 맑고 아주 차가우며 용존 산소가 풍부한 하천의 최상류에 서식하며 주로 수서곤충을 먹고 산다.

형 태

몸은 좌우로 측편되어 있다. 윗턱은 아래턱보다 약간 앞으로 돌출되어 있다. 악골, 구개골 및 혀에는 날카로운 이가 1~2열로 배열되어 있다. 등지느러미는 몸의 중앙에 있다. 기름지느러미는 뒷지느러미 후연에서 시작한다. 꼬리지느러미는 상·하엽으로 명확하게 구분되어 있다. 육봉형인 산천어는 4~5월경에는 체측의 전단부는 황금색으로 변하고 복부는 은백색이 되지만, 여름이 지나 가을이 되면 이러한 색은 없어지고 체측은 검은 빛을 띤다. 등쪽은 황록색이며 갈색의 작은 반점들이 산재되어 있다. 복부는 은백색이다. 산란기의 수컷은 턱이 심하게 구부러졌고, 몸은 붉은색을 띠며 체측에는 불규칙한 구름 모양의 무늬가 있다.

201

연어

분 포

우리나라에서는 북부 동해안으로 흐르는 하천(명파천, 양양 남대천, 연곡천, 옥계 주수천, 왕피천 등)에 회귀하며 예전에는 낙동강에도 올라왔던 것으로 알려졌지만 근래에는 잡힌 기록이 없다. 일본을 거쳐 북미의 캘리포니아와 남미의 칠레까지 분포한다.

서식지

바다에서 살다가 산란기인 9~11월에 모천으로 올라와 산란한다.

형 태

몸은 긴 세장형이고 두정부는 약간 상하로 종편되어 있다. 문단부는 끝이 둥글고 입은 커서 상악은 눈의 후연을 훨씬 지난다. 악골에는 매우 날카로운 이빨이 있으나 서골에는 이빨이 없다. 등지느러미는 몸의 거의 중앙에 위치하며 수컷은 턱이 심하게 구부러져 있다. 산란기가 되어 담수에 들어오면 은백색의 체색이 수컷은 등쪽이 흑청색으로 나머지 부분은 전체적으로 연한 청색이 된다. 암컷은 등쪽과 체측 상단부가 흑청색을 띠고, 복부와 체측 하단부는 연한 청색과 은백색을 띤다.

203

무지개송어

우리나라 중부이남, 제주도, 일본 중부이남, 동중국해, 남중국해 북서 아시아와 북미의 태평양 연안에 분포하였으나 양식 목적으로 전세계에 도입되었다. 한강, 금강, 낙동강 등의 여러 하천에서 양식장에서 빠져 나온 개체들이 빈번하게 나타나고 있다.

본 종은 바다로 내려가지 않고 담수에 살면서 일생을 보낸다. 산간계곡의 냉수를 좋아하여 항상 수온 24℃ 이하 이어야 한다.

체측에는 머리에서부터 미병부까지 주홍색 띠가 있고 복면을 제외한 몸 전면에 많은 흑점이 산재한다. 산란기에는 더욱 선명하다. 치어 때에는 몸 표면에 8~12개의 반점(parr-mark)이 있으나 성장함에 따라 점차적으로 불투명 해지고, 만 1년 이상이 되면 완전히 소멸한다. 성장시에는 몸 표면에 주홍색의 종대가 머리에서 미병부까지 이어진다.

열목어

분 포

우리나라에서는 북한의 전역과 강원도(고성, 인제, 양구, 명주, 양양, 속초 등), 충청북도 그리고 경상북도의 일부에만 분포하나 지금은 서식량이 크게 줄어 보호종으로 지정되어 있다.

서식지

물이 아주 맑으며 수온이 낮은 상류 지역에서 작은 물고기, 곤충 및 작은 동물 등을 먹고 산다. 어린 새끼는 유속이 완만한 곳의 가장자리에서 떼를 지어 헤엄친다.

형 태

몸은 유선형이며, 좌우로 측편되어 있다. 상악과 하악은 길이가 거의 동일하다. 악골에는 날카로운 이가 1~2열로 배열되어 있고 구개골에도 1~2열의 날카로운 이빨이 있으나 서골에는 없다. 아가미는 협부의 말단과 융합되어 있다. 체색은 황갈색 바탕에 등쪽은 암청색이고 배쪽은 은백색에 가깝다. 어린 개체에는 몸의 옆면에 9~10개의 흑갈색 가로무늬가 있다. 꼬리, 가슴, 배 및 뒷지느러미는 연한 흑색이다.

207

곤들매기

분 포

압록강과 두만강의 상류(청진, 회양)에 서식한다. 국외에서는 일본과 시베리아에 분포한다.

서식지

맑은 하천에만 사는 육봉형 계류어로서 산란기는 10~11월로 추정하며, 물이 맑은 지역의 자갈에 산란한다. 산란 후, 암컷과 수컷은 모두 죽는다.

형 태

체형은 홍송어와 비슷하다. 문단부는 뾰족하고, 상악과 하악은 길이가 거의 동일하다. 상악은 길어서 눈의 후연부를 약간 지난다. 악골, 구개골 및 서골에는 날카로운 이빨이 있다. 등지느러미는 몸의 중간에 있다. 기름지느러미는 뒷지느러미 후연부에 있다. 꼬리지느러미는 상·하엽으로 구분되지만, 약간만 내만되어 있어 거의 절형의 형태이다. 측선은 아가미 후연부터 미병부까지 직선으로 연결되어 있다. 몸은 전체적으로 황갈색 바탕에 체측 하단부는 은백색이고, 체측 상단부는 엷은 황갈색이나 남녹색이다. 또한 여기에 작은 선홍색의 반점들이 산재되어 있다.

209

대륙송사리

분 포

서해안으로 흐르는 하천 한강, 만경강, 금강, 동진강 및 영산강과 서해안에 있는 도서지방과 중국 대륙에 분포한다.

서식지

수심이 얕고 물이 거의 흐르지 않는 저수지, 늪 및 하천의 표층에서 떼를 지어 산다.

형 태

전장 4cm 를 넘지 못하여 송사리에 비해 약간 작은 편이다. 몸은 좌우로 측편되어 있는 유선형이며, 머리는 심하게 종편되어 두정부가 편평하다. 체고는 높고 미병부로 가면서 급격히 낮아진다. 입은 문단 상단부에 위치하고 있다. 눈은 매우 크다. 몸은 회갈색으로 밝으며 복부는 더욱 밝은 색을 띤다. 몸에는 특별한 반문이 나타나지 않으나 비늘의 뒷부분에 작은 흑점이 나타나 몸의 측면에는 흑색 점이 산재하지만 송사리와 같이 현저하지는 않다.

송사리

우리나라에서는 낙동강, 동해안으로 유입하는 하천, 탐진강 및 서남해의
도서지방과 일본에 분포한다.

서식지

수심이 얕고 물이 거의 흐르지 않는 호수, 늪 및 하천에 주로 살고 있으
며 표층에 떼를 지어 헤엄친다.

형 태

몸은 유선형으로 측편이고 머리의 등쪽은 종편되어 두정부가 약간 편평
하다. 체고는 높고 미병부로 가면서 급격히 낮아진다. 입은 문단 상단부
에 위치하고 있다. 눈은 매우 크다. 몸은 회갈색으로 밝으며 복부는 더욱
밝은 색을 띤다. 몸에는 특별한 반문이 나타나지 않으나 비늘의 뒷부분
에 작은 흑점이 있고, 몸의 옆면엔느 흑색 점이 산재한다. 대륙송사리에
비하여 흑색 반점이 많다.

줄공치

분 포

우리나라에서는 서해안과 남해안으로 흐르는 하천의 기수역과 중국과 일본에 분포한다.

서식지

연안의 표층에 떼를 지어 생활하며, 몸이 약간 기운 상태로 몸의 뒤쪽을 활발히 흔들며 헤엄친다. 주로 기수역에 많으며 강의 중류까지도 올라온다.

형 태

몸통은 원형이면서 옆으로 약간 납작하다. 체형은 가늘고 길다. 문단부는 하악이 매우 길게 전방으로 돌출되어 있어 문장은 매우 길다. 등지느러미는 거의 미병부 부근에 위치하고 뒷지느러미는 등지느러미의 아랫면에 위치한다. 등지느러미 2~4번째 연조의 위치에서 뒷지느러미 기부가 시작된다. 꼬리지느러미는 상·하엽이 분리되어 있다. 비늘은 몸 전체에 덮여 있고, 상악의 전단부까지 비늘이 덮여 있다. 등쪽이 중앙선에서 1열의 비늘이 있다. 몸은 연한 청록색 바탕에 등쪽은 옅은 녹색을 띠고, 배쪽은 은백색을 띤다. 체측 중앙부에는 금속 광택을 띠는 은백색의 세로 무늬가 있다. 각 지느러미는 반문이 없어 거의 투명하나 꼬리지느러미는 약간 검다. 전체적으로 학공치와 유사하지만 하악의 전단부는 흑색이다.

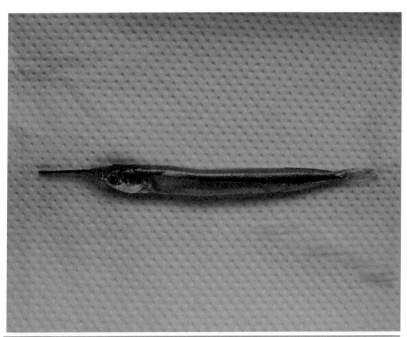

학공치

분 포

우리나라에서는 거의 전국의 연안에 나타나며, 국외에서는 중국, 일본, 사할린 등에 분포한다.

서식지

학공치는 내만의 표층에 작은 떼를 지어 살며 강의 하구까지 올라온다. 머리를 몸의 뒷부분보다 약간 위로 하고 몸의 뒷부분을 활발히 흔들며 헤엄친다.

형 태

몸통은 원통형이면서 옆으로 약간 납작하다. 체형은 가늘고 길다. 문단부는 하악이 매우 길게 전방으로 돌출되어 있어 문장은 매우 길다. 등지느러미는 거의 미병부 부근에 위치하고 있고 뒷지느러미는 등지느러미의 아랫면에 위치한다. 등지느러미 2~4번째 연조의 위치에서 뒷지느러미 기부가 시작된다. 꼬리지느러미는 상·하엽이 분리되어 있다. 비늘은 몸 표면과 상악의 전단부까지 비늘이 덮여 있다. 등쪽의 배중선에는 1열의 비늘이 덮여 있다. 몸은 연한 청록색 바탕을 띠면서 등쪽은 약간 짙은 회색을 띠고, 배쪽은 은백색을 띤다. 체측 중앙에는 금속 광택을 띠는 은백색의 세로무늬가 있다. 각 지느러미는 반문이 없이 거의 투명하나 꼬리지느러미는 약간 검다. 하악의 끝은 주홍색을 띤다.

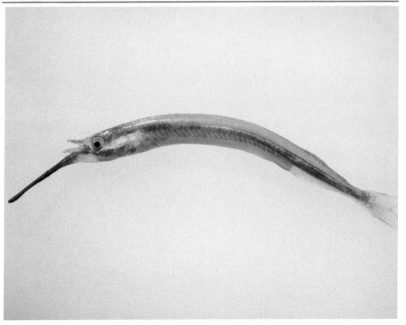

빙어

분 포

우리나라의 대부분 댐과 저수지(안동댐, 운암저수지, 제천 의림지, 대청호, 소양호, 춘천호, 의암호, 아산호)에 이식하여 분포하는 것으로 알려져 있다. 북한 지역에서도 분포하며, 국외에서는 일본, 러시아, 알래스카 등에도 분포한다.

서식지

하절기에는 저수지의 깊은 곳에서 서식하다가, 산란기가 되면 얕은 개울로 이동한다.

형 태

몸은 가늘고 길며 옆으로 납작하다. 입은 크고 하악이 상악보다 약간 돌출되어 있다. 제1상악골의 외연은 둥근 형태이며, 눈의 중간지점에 이른다. 측선은 배지느러미 앞까지 있다. 기름지느러미는 뒷지느러미 중간의 등쪽에 있다. 대체로 연한 백색이다. 두정부와 등쪽은 옅은 흑색이고 복부는 백색이다.

은어

분 포

울릉도를 포함하여 우리나라 전국의 연안으로 유입되는 하천에 분포하지만 수질오염과 개발 등으로 서식하지 못하는 지역이 많아지고 있다.

서식지

어린 은어는 바로 연안으로 내려가 성장하여 월동한다. 3~4월에 하천으로 거슬러 올라가서 바닥에 자갈이나 바위가 깔려 있는 곳에 도달하면 세력권을 형성하고 정착한 후 상류로 올라가던 은어는 9~10월의 산란기가 되면, 방향을 바꾸어 하류로 내려오다가 하구 가까이에 있는 담수역 여울에서 산란장을 만들어 산란한다. 산란이 끝나면 암수 모두 죽는다.

형 태

몸은 약간 측편되었고 길다. 머리는 큰 편이고 주둥이는 끝이 뾰족하다. 입은 주둥이 끝에 열리며 입이 커서 상악의 후단부가 눈의 후연까지 이른다. 등지느러미는 몸의 거의 중앙에 있고 뒷지느러미는 앞부분의 기조가 약간 길어 가장자리가 오목하게 파여 있다. 등쪽은 회갈색이고 배쪽은 은백색이며 모든 지느러미는 반문이 없으며 거의 투명하다. 암컷의 뒷지느러미의 모양은 전반부가 돌출되어 만곡이 심하고, 수컷은 완만하다.

개구리꺽정이

분포

강원도의 동해로 유입되는 하천과 주변 연안에 분포한다. 국외에서는 일본(홋카이도)과 오호츠크해에 분포한다.

서식지

다른 종에 비하여 수심이 낮은 곳에서 서식한다.

형태

몸은 방추형으로 머리는 종편되어 있고 양안 후두부에는 매우 작은 피질돌기가 있다 전새개골은 3극이 있는데 제1극은 짧고 직선형이다. 상악은 하악보다 약간 돌출되어 있다. 구개골에는 이빨이 없으나 서골에는 이빨이 있다. 제1등지느러미에서 제1~2극의 길이는 4~6극의 길이보다 짧다. 몸 전체가 검은색을 띠지만 협부와 항문 간의 복면은 밝은 황색을 띠고 복측면은 안경보다 약간 큰 크기의 밝은 황색의 원형 무늬가 있다. 체측면에는 약간 짙은 4개의 검은색 종대가 있다.

꺽정이

분 포

우리나라에서는 서해안과 남해안으로 흐르는 하천의 하구와 중국과 일본에 분포한다.

서식지

자갈이나 모래가 있는 하천 중·하류의 바닥에 사는 갑각류를 먹고 산다.

형 태

몸은 약간 측편되어 있으나 유선형이다. 머리는 종편되어 있다. 안후두부와 비골부와 뺨의 부위에는 융기선이 있으며, 전새개골의 제1극은 매우 작고 짧으며 상후방으로 굽어 있다. 서골과 구개골에는 이빨이 있다. 새막은 협부와 융합되어 있어 주름을 형성하지 않는다. 몸의 전체에는 작은 소극이 둘러싸여 있다. 등쪽의 색깔은 흑갈색이고 복부는 연한 황색이다. 등쪽의 극조부가 시작하는 곳 아래에서 꼬리지느러미의 기부에까지 폭이 넓은 3~4개의 흑색 반문이 있고, 그 외의 부분은 약간 밝은색 바탕에 얼룩무늬가 있다. 등지느러미의 극조부의 앞쪽 4개 기조막은 진한 흑색 반점이 있으나 나머지는 투명하다. 등지느러미 연조와 꼬리지느러미 및 뒷지느러미는 반문이 없이 거의 투명하고, 가슴지느러미는 흑색 점이 점열하여 가로무늬를 이룬다. 산란기에는 붉은색 혼인색이 보인다.

메기

분 포

우리나라의 전 담수역에 출현하며 중국, 대만 그리고 일본에 분포한다.

서식지

유속이 완만하고 바닥에 진흙이 깔려 있는 하천이나 호수 혹은 늪에 살면서, 밤에 치어와 소동물을 먹는 등 탐식성이 강하다.

형 태

몸의 앞부분은 원통형이나 뒤로 갈수록 옆으로 납작해진다. 머리의 앞부분은 수평으로 납작하다. 상악이 하악보다 짧아 입은 주둥이의 끝에서 위를 향하여 열리며 입가에는 전비공의 앞과 하악에 수염이 각각 1쌍씩 있다. 몸에는 비늘이 없으며 측선은 완전하고 체측 중앙에 이어진다. 등지느러미 길이는 짧아서 안경의 3~4배이며, 가슴지느러미 가시의 외연에는 톱니 모양의 거치가 있다. 뒷지느러미는 매우 길어서 전장의 거의 반쯤 되고 뒤쪽 끝은 꼬리지느러미와 연결되므로 미병부가 없다. 몸은 거의 대부분이 검은 갈색 혹은 황갈색이고 반문은 없으나 가끔 구름 모양의 반문이 있는 경우도 있다. 주둥이의 아랫면과 뒷지느러미 앞까지의 복부는 노란색을 띤다. 등지느러미, 뒷지느러미 그리고 꼬리지느러미는 몸색과 같이 흑갈색 혹은 황갈색이고 그 가장자리는 검은색을 띤다.

미유기

분 포

우리나라 고유종으로 거의 전 담수역에 분포한다.

서식지

메기와 혼서하는 경우도 있으나, 미유기는 대체로 물이 맑고 자갈이나 바위가 많은 하천의 상류에 서식하며 수서곤충이나 치어를 먹는다.

형 태

몸의 앞부분은 원통형이나 뒤로 갈수록 수직 방향으로 납작해진다. 머리의 앞부분은 수평으로 몹시 납작하며 주둥이도 수평으로 납작하다. 눈은 작으며 머리의 옆면 중앙보다 앞쪽에 있고 두 눈 사이는 매우 넓다. 몸에는 비늘이 없으며, 측선은 완전하고 몸의 옆면 중앙에 직선으로 이어진다. 메기와 아주 유사하여 혼동하기 쉽지만 이 종은 등지느러미 기조수가 적고, 등지느러미의 길이가 아주 짧으며 미병부의 높이가 높아 쉽게 구분할 수 있다. 체색은 흑갈색으로 등은 짙고 주둥이 아랫면과 복부는 황색을 띤다. 등쪽과 체측에는 불분명한 구름 모양의 반문이 있다. 뒷지느러미의 가장자리는 밝은 테가 있다. 가슴지느러미와 배지느러미는 기부만 어두운 색이고, 등지느러미의 앞부분과 뒷지느러미 및 꼬리지느러미는 몸과 같은 색이며, 뒷지느러미의 바깥쪽 가장자리는 연한 색으로 그 폭이 넓다.

229

눈동자개

분포

우리나라 고유종으로 서해로 유입하는 임진강, 한강, 안성천, 웅천천, 금강, 만경강, 동진강, 영산강, 탐진강과 남해로 유입하는 섬진강 등에 분포한다.

서식지

하천 중하류의 바위나 돌이 많은 곳에 서식하며 주로 수서곤충이나 작은 물고기를 먹고 산다.

형태

몸통은 원통형으로 길고, 미병부는 옆으로 납작하지만 길게 세장되었다. 머리의 앞부분은 위아래로 납작하나 성장함에 따라 몸이 세장되므로 머리는 상대적으로 작은 편이다. 주둥이 끝은 다소 둥글고 입은 주둥이의 아래쪽에 열리며 하악이 상악보다 약간 짧다. 비늘은 없으며 측선은 완전하고 몸의 측면 중앙을 지난다. 살아있을 때는 우중충한 황갈색을 띤다. 몸은 회갈색으로 배쪽보다 등쪽이 짙고 몸의 각 부분에 따라서 색이 짙거나 연하다. 포르말린에 고정된 표본은 암갈색으로 변한다.

대농갱이

우리나라에서는 황해로 유입되는 임진강, 한강, 금강, 대동강, 압록강에 서식하며 국외에서는 중국에 분포한다. 한편 낙동강 물금, 수산에서도 발견되고 있는데, 이것은 자연 분포라기보다는 인위적인 이입으로 생긴 것이다.

서식지

하천 중·하류의 바닥에 모래와 진흙이 깔린 곳에서 서식하며 물고기의 알, 새우류 그리고 수서곤충을 먹고산다.

형 태

몸은 가늘고 긴 원통형으로 머리는 위아래로 몹시 납작하고 뒤쪽은 옆으로 납작하며, 성장함에 따라 몸이 길어진다. 입은 주둥이 끝에 있으며 비늘은 없다. 몸은 약간 검은 황갈색으로 등쪽이 복부보다 약간 진하며, 작은 반점이 산재하나 죽으면 이와 같은 반점은 모두 사라진다. 등지느러미와 뒷지느러미는 바깥쪽이 짙고, 꼬리지느러미의 가장자리는 연한 색이다.

233

동자개

분 포

우리나라에서는 황해와 남해로 유입되는 하천인 임진강, 한강, 안성천, 금강, 만경강, 영산강 및 성천, 평양에 서식하며, 근래에는 낙동강 하구의 여러 지점에서 출현하고 있다. 중국, 대만 및 시베리아의 동부에 분포한다.

서식지

유속이 완만한 큰 하천의 중·하류의 바닥이 모래와 진흙이 많은 곳에 서식하여 낮에는 돌 밑에 숨고 밤에 나와서 먹이를 찾는다. 수서곤충이나 물고기의 알, 새우류 및 작은 동물을 먹고 산다.

형 태

몸은 옆으로 몹시 납작하고 체고가 약간 높은 편이다. 머리는 위아래로 납작하다. 주둥이는 끝이 뾰족하며 눈은 머리의 앞부분 위쪽에 편중되었다. 입은 주둥이의 끝에 열리는데 하악이 상악보다 약간 짧으므로 아랫면에 위치한다. 살아있을 때 체색은 우중충한 황색 바탕에 암갈색의 큰 반문이 나타나고 등과 몸의 옆면 중앙, 그리고 배에 폭이 넓고 긴 암갈색의 줄무늬가 있으며 모든 지느러미에는 검은색을 띠는 부분이 있다.

퉁가리

분 포

우리나라 고유종으로 임진강, 한강, 안성천, 무한천, 삽교천에 분포한다.

서식지

물이 많고 자갈이 많은 하천의 중상류에 서식하며 수서곤충을 주로 먹고 산다. 돌 밑에 잘 숨고 주로 밤에 활동한다.

형 태

몸은 약간 둥글고 길며, 머리는 수평으로 넙적하고 미병부는 수직으로 납작하다. 눈은 아주 작으며 머리의 위쪽에 치우쳐 피막에 싸이고 그 뒷부분은 불룩 튀어 나왔다. 입은 주둥이 끝에 열리며, 상악과 하악은 거의 같은 길이이며, 몸에 비늘이 없다. 체색은 황갈색으로 전체적으로 균일하여 반문은 없고, 등은 짙으며 배는 황색이다. 가슴지느러미, 등지느러미 그리고 꼬리지느러미의 가장자리는 밝은 색의 테두리가 있고 그 안쪽은 검은색이다. 기름지느러미는 꼬리지느러미와 거의 연결되었으나 얕게 파인 홈으로 구분되며 가장자리는 담색의 테두리가 있다.

자가사리

분 포

우리나라 고유종으로 금강, 낙동강, 이사천, 탐진강, 남해도, 거제도 등에 분포한다.

서식지

물이 맑은 하천 상류의 자갈이나 바위가 많은 곳에 서식하며 주로 밤에 활동한다.

형 태

몸은 약간 길고 둥글다. 꼬리는 수직 방향으로 심하게 납작하다. 머리는 수평 방향으로 납작하며 주둥이도 수평 방향으로 종편되어 있다. 눈은 아주 작으며 그 뒷부분은 볼록하여 머리의 위쪽에 치우쳐 피막에 싸인다. 몸은 황갈색으로 등쪽은 짙고 배쪽은 황색이다.

밀자개

분 포

임진강, 금강, 영산강에 분포하며 국외에서는 중국에 분포한다.

서식지

하천 중·하류의 해수의 영향을 받는 수역에 많으며 유속이 완만하거나 정체된 곳에 서식한다.

형 태

몸은 옆으로 약간 납작하나 거의 원형에 가깝다. 주둥이는 끝이 약간 둥글며 위아래로 납작하고, 입은 주둥이의 아랫면에 있으며 입가에는 4쌍의 수염이 있다. 비늘은 없고 측선은 완전하며 몸의 옆면 중앙을 달린다. 배는 동자개에 비해 홀쭉하며, 가슴지느러미 가시는 동자개와 달리 안쪽에만 톱니가 있다. 등지느러미는 배지느러미보다 훨씬 앞쪽에 있으며 가시에는 톱니 모양의 거치가 없고, 기름지느러미는 꼬리지느러미와 연결되어 있지 않다. 꼬리지느러미의 후연 중앙은 안쪽으로 깊게 갈라져 있다. 몸은 황갈색 바탕에 암갈색 반문이 있는데 등지느러미 아랫부분과 기름지느러미 아랫부분의 몸통에 측선을 중심으로 위아래 2개의 갈색띠가 있다. 등지느러미는 약간 검고 꼬리지느러미에도 중앙부분에 검은 부분이 길게 있다. 가슴지느러미도 약간 검은색을 보인다.

웅어

분 포

우리나라 서·남해 연안으로 유입되는 하천의 하류및 연안과 일본, 대만, 중국 연안에 분포한다.

서식지

회유성 어류로 4~5월에 바다에서 강의 하류로 올라와 갈대가 있는 곳에서 6~7월에 산란한다. 수정란에서 부화한 어린 새끼는 여름부터 가을까지 바다에 내려가서 월동을 한 후, 다음 해에 다시 산란지에 출현한다.

형 태

몸은 심하게 측편되었고, 꼬리지느러미는 뒷지느러미와 연결되었다. 하악은 상악보다 짧고, 상악의 아래쪽에는 작은 거치가 있다. 상악의 후단은 매우 길어 새막을 지나 가슴지느러미 기부네 이른다. 가슴지느러미 상단에 있는 6개의 연조는 사상으로 분리되었고 길이가 매우 길어 뒷지느러미 앞부분까지 이른다. 복부에는 예리한 인판이 있다. 살아 있을 때, 몸은 전체적으로 은백색을 띤다. 포르말린 수용액에 고정되면 머리와 등쪽은 청회색, 배쪽은 은백색을 띤다.

243

전어

분 포

우리나라 전 해역에 출현하며, 국외에서는 일본, 대만, 중국 등지에 분포한다.

서식지

가까운 바다에 사는 어류로 강의 하류에도 올라온다. 3~6월에 강의 하구로 올라와 산란을 한다.

형 태

몸은 측편되었고, 상악과 하악은 거의 동일하다. 눈에는 눈꺼풀이 있다. 가슴지느러미 상단에는 안경 크기의 흑점이 있다. 새파는 아주 가늘고 길며 빽빽하다. 등지느러미의 마지막 연조는 사상으로 길게 뻗어 있다. 뒷지느러미의 마지막 연조는 다른 연조보다 약간 길다. 배지느러미 복부의 전후방에 인판이 잘 발달되어 있다. 살아 있을 때, 체측 상단부는 담청색을 띠면서 밝은 은색의 종대 반문이 여러 열로 배열되어 있다. 체측 하단부는 밝은 회색을 띤다.

밴댕이

분 포

우리나라 황해와 남해의 연안에 분포하며, 일본과 남중국 및 대만에 분포한다.

서식지

연안보다는 담수의 영향을 받는 기수역의 모래와 진흙이 있는 곳에서 집단을 형성하면서 서식한다. 황해의 중남부에서 월동을 하고 4~6월경 강하구와 연안의 수온이 16~18℃가 되면 산란을 한다.

형 태

몸은 심하게 측편되어 있고, 배쪽으로 볼록하게 두드러졌다. 눈은 아주 크고 눈 사이에는 2개의 작은 비공이 있다. 새파는 가늘고 길며 빽빽하다. 몸에는 크고 얇은 비늘이 덮여 있고 측선은 없다. 하악은 상악보다 전방으로 돌출되어 있다. 상악은 짧아서 동공의 중심을 지나지 못한다. 뒷지느러미의 마지막 2연조는 약간 길다. 배지느러미 전후부 복부에 예리한 인판이 발달되었다. 살아 있을 때의 체측 상단부는 밝은 청색이며, 체측 하단부는 밝은 은백색이고, 지느러미는 회백색이다.

돌가자미

분 포

우리나라 연안과 하구 수역과 일본, 대만에서도 분포한다.

서식지

수심 30~100m의 얕은 모랫바닥이나 개펄 바닥에 서식한다. 산란은 12~1월 사이에 한다. 암컷 한 마리는 약 20~80만개의 알을 갖는다. 갑각류, 다모류 및 패류 등을 섭식한다.

형 태

몸은 측편되어 있고 두 눈은 우측에 있다. 측선은 유·무안측에서 발달되어 있으며, 가슴지느러미 상단부의 측선은 일직선이고 상후두골 방향으로 부속 측선이 뻗어 있다. 체측에는 비늘이 없고 유안측에는 골질판이 3~4열로 배열되어 있다. 무안측의 이빨은 유안측보다 발달되어 있다. 입은 작아서 하악의 전방 하부에 이른다. 새파의 후연에는 거치가 없이 짧고 뾰족한 형태이다. 유안측의 등쪽과 배쪽 가장자리에는 백색 점이 산재한다. 유안측은 등지느러미, 뒷지느러미 및 꼬리지느러미를 포함하여 전체가 짙은 갈색이다. 무안측은 전면이 모두 백색이다.

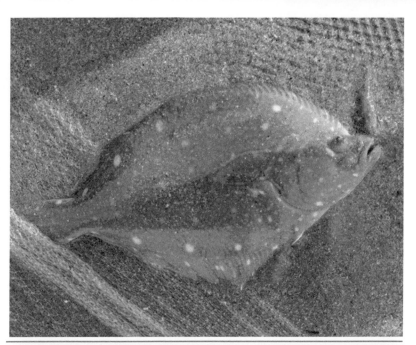

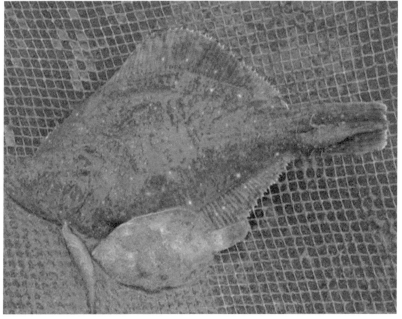

249

강도다리

분 포

우리나라 동해 연안과 일본 중부 이북, 오호츠크해, 베링해에 분포한다.

서식지

연안이나 하천 중류에 서식한다. 산란은 강 하구나 담수역까지 올라와
이루어진다.

형 태

몸은 마름모형으로 심하게 측편되어 있으며, 두 눈은 좌측에 있다. 측선
은 양측면에서 발달되어 있다. 측선은 일직선이며, 가슴지느러미의 상단
부에서는 약간 만곡되어 있다. 상후두골 방향으로 뻗어 있는 부속 측선
이 있다. 입은 작아서 하악의 동공 앞에 이른다. 체측면은 비늘이 없고,
등지느러미와 뒷지느러미의 기저를 따라 골질 융기선이 있으며 체측에도
강한 가시를 가지고 있는 골질판이 여러 열로 배열되어 있다. 등지느러
미, 뒷지느러미 및 꼬리지느러미 기조에는 흑색띠가 있다. 유안측의 체색
은 짙은 갈색이다. 무안측의 체색은 거의 백색에 가깝다. 유안측의 체측
은 흑갈색이나 진회색이다. 유안측의 등지느러미, 뒷지느러미 및 꼬리지
느러미에는 흑색의 진한 반문들이 배열되어 있다.

도다리

분 포

군산, 목포, 여수, 마산, 진해 및 부산 주변의 강 하구와 연안 주변에서 서식하며 일본 중부 이남, 대만 및 중국에 분포한다.

서식지

강하구나 연안주변 수심 100m 이내의 사질 및 펄바닥에 서식한다.

형 태

몸은 좌우로 심하게 측편되어 있으며, 두 눈은 우측에 있다. 측선은 양 측면에 발달되어 있고, 만곡 부위가 없이 일직선이며, 상·후두골 방향의 부속 측선이 있다. 입은 작아서 하안의 전단부에 이른다. 무안측의 이빨 이 유안측보다 더 발달되어 있다. 유안측의 체측면에는 소형 암갈색 반점 이 산재되어 있다. 양안의 사이에는 날카로운 비골이 외부로 돌출되어 있 다. 유안측의 가슴지느러미는 새열 상부와 동일한 위치에 있다. 유안측 체색은 옅은 회색이나 적갈색이다. 무안측의 체색은 모두 백색이다. 유안 측은 전체 면이 연한 갈색이나 진회색이고, 지느러미를 제외한 유안측의 체측에는 별 모양의 흑색 반점이 전체 면에 있다.

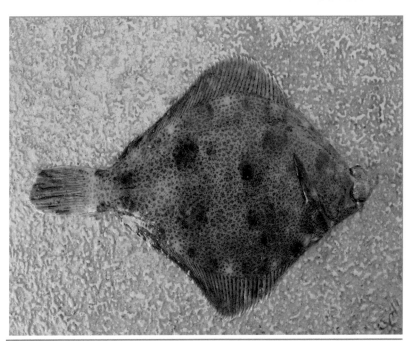

253

박대

분 포

우리나라에서시는 서해 연안에서 출현하며, 서해로부터 동중국해까지 분포한다.

서식지

우리 나라의 동진강 하구를 비롯한 서해 연안의 진흙바닥에 살면서 주로 갑각류, 패류 및 다모류를 섭식한다.

형 태

몸과 머리는 모두 위아래로 몹시 납작하고, 폭은 넓고 길이는 길어 위에서 보았을 때 몸형은 긴 타원형이다. 머리는 작고, 눈도 매우 작으며 몸의 왼쪽에 치우쳐 있다. 주둥이는 끝이 둥글며, 입은 주둥이의 뒷지느러미 쪽에 열려 있다. 등지느러미와 뒷지느러미는 모두 기부가 길며 꼬리지느러미와 연결되었다. 가슴지느러미는 없다. 입은 눈의 바로 아래쪽에 있고, 입 주변의 돌기는 없다. 유안측에만 있는 측선은 발달되어 3줄의 측선이 있다. 무안측의 비늘은 원린이며, 유안측의 비늘은 즐린이다. 유안측은 지느러미와 체측 모두 홍갈색이다. 무안측은 거의 백색이다.

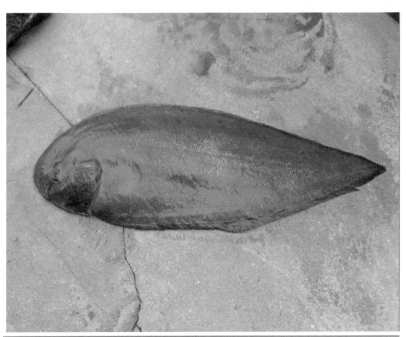

까치복

우리나라에서는 서해 연안과 남해 연안에서 서식하고, 황해, 동중국 해와 일본의 남부에 분포한다.

서식지

산란기인 4~5월에는 강의 하구에서 산란하고 겨울에는 남쪽으로 이동한다. 주로 바위 지역의 중층에서 유영 생활을 한다.

형 태

몸은 원통이면서 전형적인 복어형으로 머리가 크다. 등지느러미 연조수 16~17, 뒷지느러미 연조수 14~15개. 꼬리지느러미의 후연은 거의 반듯하다. 등쪽과 배쪽에는 작은 가시가 밀생하고 있으며, 배쪽의 가시가 등쪽의 가시보다 강하고 날카롭다. 배쪽과 등쪽의 가시는 서로 연결되어 있지 않다. 등지느러미 담기골수는 15개이고 7번째 척추골 뒤에서 시작하며 뒷지느러미 담기골은 11이다. 체색은 등쪽이 흑청색이고 배쪽은 흰색인데, 등쪽에는 비스듬히 뻗은 4줄의 흰색의 줄무늬가 있다. 등지느러미, 뒷지느러미, 가슴지느러미 그리고 꼬리지느러미는 모두 진한 노란색을 띤다. 몸은 등쪽이 흑청색이고 배쪽은 흰색인데, 등쪽에는 비스듬히 뻗은 4줄의 흰색 줄무늬가 있다. 등지느머리, 뒷지느러미, 가슴지느러미 그리고 꼬리지느러미는 모두 진한 노란색을 띤다. 난소와 간장에 강한 독이 있고 근육과 정소, 피부에는 독이 없다.

매리복

분 포

우리 나라 서해와 남해안과 일본남부, 동중국해에 분포한다.

서식지

대부분 연안 주변에서 서식하는 것으로 알려졌으나, 일부는 기수역에서도 서식한다.

형 태

몸은 유선형이며, 머리부분은 뭉툭하지만, 미병부 부분은 원통형이다. 등지느러미 연조수 13~14, 뒷지느러미 연조수 10~12개. 등쪽에만 소극이 흔적적으로 있을 뿐 그외의 다른 부분에는 소극이 없다. 두골은 액골의 높이가 넓이보다 길고, 전액골이 작으며, 액골의 중앙 융기연 끝이 전액골에 미치지 못한다. 액골과 전액골이 만나는 부위는 안쪽으로 깊이 들어가 있고 설이골의 후돌기도 수평으로 되어 있어 원시적인 모습을 보여준다. 살아 있을 때의 가슴지느러미는 황갈색이고 뒷지느러미는 연한 황색이다. 꼬리지느러미 상단의 2/3는 황색이나, 나머지 부분은 백색이다. 체측 하반부에는 희미한 황색의 종대가 있다. 등쪽에는 굵기가 가는 백색의 반점들이 있고 복부는 백색이다. 가슴지느러미 후단부에는 가장자리가 백색 꽃무늬 모양인 갈색 반점에 백색 주변무늬가 있다. 피부와 간장에 강한 독이 있고 근육과 정소에도 약한 독이 있다.

복섬

분 포

울릉도, 제주도를 포함한 전 연안 주변과 인접 기수역에서 서식한다. 일본의 아오모리 남부 연안에 분포한다.

서식지

대부분 연안 주변에서 서식하는 것으로 알려졌으나, 다수의 개체들이 기수역과 담수역에서 분포한다.

형 태

몸은 유선형이며, 머리 부분은 뭉툭하지만 미병부는 원통형이다. 등쪽과 배쪽에는 작은 소극이 있고 체측에는 상부 측선을 따라 미병부까지 소극이 있다. 두골의 모양은 액골의 높이가 넓이보다 길고 전액골이 작으며, 액골과 전액골이 만나는 부위는 안쪽으로 깊게 들어가 있고 설이골의 후돌기도 수평으로 되었다. 액골 융기연의 중간 부분은 돌기 모양이고, 끝이 전액골의 거의 앞쪽 끝까지 도달한다. 살아 있을 때의 등지느러미, 가슴지느러미 및 꼬리지느러미는 연한 황색이며, 꼬리지느러미의 앞쪽과 기조는 갈색이고 기조막은 황색이다. 뒷지느러미는 백색이다. 등쪽은 청갈색이나 황갈색이며, 군데군데 동공 크기보다 작은 백색 원형 반점이 산재되어 있다. 복부는 백색이고 가슴지느러미 후단부에는 큰 흑색 반문이 1개 있다. 산란기 뿐만 아니라 항상 강한 독을 간, 난소, 표피, 내장에 가지고 있다.

흰점복

분 포

우리나라의 동해안과 남해안의 연안에서 서식한다. 일본과 인도차이나반도 주변까지 분포한다.

서식지

연안 주변에서 대부분 서식하는 것으로 알려졌으나, 일부는 조류가 번성하는 기수역 및 하구에서 서식한다.

형 태

몸은 유선형이며, 머리 부분은 뭉툭하지만 미병부는 원통형이다. 등쪽과 복부에는 소극이 다수 있으며, 체측에도 소극이 있어 서로 연결되어 있다. 두골에서 액골은 중앙의 융기연이 전액골에 도달하지 못하고 액골 사이에 도달된다. 등쪽과 체측 상단부에는 황갈색 바탕에 다양한 크기의 백색 반점들이 산재되어 있다. 일부는 등쪽에 7개의 희미한 흑색 반문이 있기도 하다. 등지느러미, 가슴지느러미 및 뒷지느러미는 담황색이다. 꼬리지느러미의 기조막은 황색이고 기조는 황갈색이거나 흑갈색이다. 산란기 뿐만 아니라 항상 강한 독을 간, 난소, 내장 및 표피에 가지고 있다.

황복

분 포

서해로 유입되는 하천과 기수역에서 분포한다. 임진강 하류에서는 최근에도 서식하는 개체를 확인할 수 있다. 또한 동중국해 및 남중국해와 인접한 강 하류에 분포한다.

서식지

연안 주변에서 새우류와 게류 등의 작은 동물이나 어린 물고기를 잡아먹고 살며, 3~5월에 알을 낳으려고 강으로 올라온다.

형 태

몸은 유선형이며, 머리 부분은 뭉툭하지만 미병부는 원통형이다. 소극은 등쪽과 복부에 발달되었다. 전장 100mm 미만의 어린 개체는 가슴지느러미 부근의 등쪽과 복부에서 소극이 서로 연결되어 있지 않으나, 성체는 가슴지느러미 부근의 등쪽과 복부에 소극이 서로 연결되어 있다. 몸은 대체로 황색을 띠고, 등쪽은 검은색으로 가슴지느러미 상후방과 뒷지느러미 기점부에 커다란 흑색 반점이 있다. 배쪽은 백색이며, 체측 중앙을 따라 황색선이 있다. 모든 지느러미는 흑색이며, 가슴지느러미와 뒷지느러미는 약간 밝은 색이다.

265

자주복

대부분 연안 주변에서 서식하지만, 일부는 기수역에서도 서식한다. 특히 동해와 제주도에 주로 분포한다. 일본, 러시아 및 대만 주변에서도 분포한다.

서식지

3~5월경에 연안 주변이나 강 하구의 자갈, 모래 및 바위 주변에 산란하는 것으로 알려져 있다. 수온이 15℃ 이하로 내려가면 섭식을 전혀 하지 않고, 10℃ 이하로 수온이 내려가면 모래와 펄로 구성되어 있는 연안의 바닥에서 월동한다.

형 태

등몸은 유선형이며, 머리 부분은 뭉툭하지만 미병부는 원통형이다. 등쪽과 복부에는 소극이 다수 밀생하면서 발달되어 있으나 서로 연결되어 있지 않다. 몸 등쪽은 흑색 바탕이나 복부는 백색이다. 등지느러미, 가슴지느러미 및 꼬리지느러미는 흑색이나, 뒷지느러미는 연한 황색이다. 가슴지느러미 후단부와 등지느러미 앞에는 백색 테두리의 검은색 큰 반점이 있다. 일부 개체에서는 뒷지느러미가 백색이거나 연한 적색이다. 등쪽과 체측 상단부에는 가는 굵기의 백색 무늬나 원형의 무늬가 있다. 간과 내장 등에 맹독성의 독을 가지고 있다

266

뱀장어

분 포

동해로 흐르는 하천을 제외한 전국의 하천, 일본, 중국, 대만 등에 분포한다.

서식지

하천의 중류와 하류와 대형 댐호, 저수지에 서식한다. 민물에서 살다가 산란기에 바다로 이동한다.

형 태

사는 곳에 따라 다르나 보통 등쪽은 암갈색 혹은 흑갈색이고 배쪽은 은백색이나 연한 황색이다. 성숙하여 바다로 내려가는 뱀장어는 몸이 짙은 흑색으로 변하고 체측은 옅은 황금색 광택을 내며 배쪽은 암색으로 변하고 가슴지느러미 기부는 황금색을 띤다.

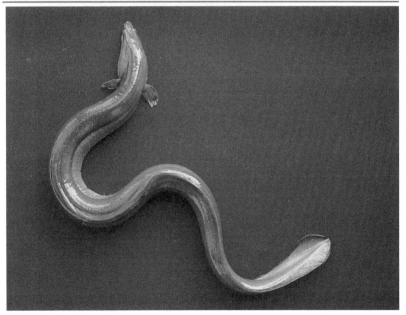

포획
금지
어류

가시고기

분 포

동해안으로 흐르는 하천 중상류에서 서식한다. 속초 쌍천의 경우는 상류에서 유입되는 오염물에 의하여 거의 절멸 단계에 있고, 옥계 주수천의 경우도 상류의 오염 발생원이 있어 최근 개체수가 감소되고 있는 실정이다. 제천 의림지에도 분포하는데, 이 곳의 가시고기는 빙어를 이입하는 과정에서 함께 이입된 것으로 알려져 있다. 중국과 일본에도 분포한다.

서식지

물이 맑은 하천 중류 지역에서 주로 서식한다. 수초가 번성한 지역 등에서 서식한다.

형 태

몸은 좌우로 심하게 측편되어 있다. 상악과 하악은 거의 동일하다. 등쪽에는 예리한 작은 가시가 보통 8~9개이며, 가시는 기조막과 연결되어 있다. 미병부는 매우 짧고 꼬리지느러미 외연은 둥근 형태이다. 체측 상단부 체색은 옅은 갈색이고, 복부는 밝은 은황색이며 체측 중앙부에는 흔적적인 옅은 갈색의 횡대 반문이 새개 후연에서부터 미병부까지 다수 배열되어 있다. 꼬리지느러미를 제외한 지느러미 가시의 기조막은 투명하다.

273

잔가시고기

분 포

동해안으로 흐르는 하천 중상류(간성 북천, 송현천, 강릉 남대천 등)와 형산강과 금호강에서 서식한다. 특히 금호강에 서식하는 집단은 형상강과의 하천 쟁탈에 의하여 일부 이동하면서 집단을 형성한 것으로 추정된다. 일본의 경우는 잔가시고기가 모두 절멸된 것으로 알려졌다.

서식지

맑은 하천 중류 수역의 돌 틈, 바위, 수초가 많은 지역 등에서 서식한다.

형 태

몸은 좌우로 심하게 측편되어 있다. 상악과 하악은 거의 동일하다. 등쪽에는 예리한 가시가 보통 7~9개 있고, 가시는 기조막과 연결되어 있으나 각각의 가시는 분리되어 있다. 미병부는 매우 짧고 꼬리지느러미 후연은 둥근 모양이다. 산란기가 아닐 경우 암수 체색은 큰 차이가 없다. 체측 상단부 체색은 짙은 갈색이고, 배쪽은 밝은 은황색이며 체측 중앙부에는 흔적적인 옅은 갈색의 횡대 반문이 아가미 후연에서부터 미병부까지 다수 배열되어 있다. 꼬리지느러미를 제외한 지느러미 가시의 기조막은 연한 검은색을 띤다.

275

가는돌고기

분 포

우리나라 고유종으로 한강과 임진강 중상류의 지류에 분포한다.

서식지

하천 상류 맑은 물의 자갈이 있는 여울부의 바닥에 산다. 먹이와 산란 습성 등에 대하여서는 아직 알려지지 않았다.

형 태

몸은 아주 가늘고 길며, 주둥이는 끝이 뾰족하다. 입은 작고 주둥이 밑에 있으며 입수염은 아주 짧다. 눈은 비교적 크며, 머리 옆면 중앙에 있다. 위쪽에 치우쳐 있으며, 상악은 돌고기처럼 양측이 비대하지 않다. 몸의 등쪽은 암갈색이고, 배쪽은 담갈색이다. 몸의 옆면 중앙에는 주둥이 끝에서부터 꼬리지느러미 기부까지 이어지는 흑갈색의 폭 넓은 줄무늬가 있다. 등지느러미 기조의 상단 부근에는 흑갈색의 작은 줄무늬가 있다.

감돌고기

분 포

한국 고유종으로 금강 중상류, 만경강, 웅천천에 서식하고 있으나, 최근 웅천천은 하천 생태계의 변화로 본 종의 서식이 확인되지 않는다.

서식지

맑은 물이 흐르는 자갈 바닥 위에서 서식한다.

형 태

입은 작고 주둥이 끝의 아래쪽에 있으며 말굽 모양이지만 돌고기처럼 입술 가장자리가 두껍지 않다. 상악의 뒤쪽은 비공 뒤에 달하고 하악은 상악보다 짧다. 수염은 눈의 직경보다 작다. 몸의 옆면에는 구름 모양의 흑갈색 반문이 있으며 몸색은 거의 검은색 바탕으로 측선 아랫부분까지 검지만 배쪽은 약간 옅은 색이다. 등지느러미, 뒷지느러미, 꼬리지느러미 및 배지느러미 기조에는 2개의 흑색 띠가 있어 돌고기와는 잘 구별된다.

돌상어

분 포

한강, 임진강, 금강에 서식하는 한국 고유종이다.

서식지

물이 깨끗하고 유속이 빠르며 수역의 바닥에 자갈이 깔린 곳에 서식한다. 자갈 바닥에 잘 숨고, 민첩해서 돌에서 돌로 자주 옮겨 가며 서식한다.

형 태

몸은 약간 길고, 배는 편평하며 등쪽은 둥글다. 머리는 위아래로 납작하고, 주둥이는 돌출되어 뾰족하다. 살아있을 때의 몸은 담황색으로 등쪽에 폭이 넓은 암색의 반점이 불분명하게 나타난다. 가슴지느러미, 등지느러미 및 꼬리지느러미에는 꾸구리에서 볼 수 있는 반점이 없다.

꾸구리

한강, 임진강, 금강에 제한 분포하는 한국 고유종이다.

물살이 빠르고, 자갈이 많이 깔린 하천 상류 지역에 서식한다.

몸은 약간 길고 전반부는 굵으며 후반부는 가늘다. 머리는 약간 뾰족하고 납작하며 머리 아래쪽은 편평하다. 입은 주둥이 밑에 있으며, 아래에서 보면 반원형이다. 몸은 다갈색 바탕이다. 가슴지느러미, 등지느러미 및 꼬리지느러미에 매우 작은 흑점이 줄처럼 이어진다. 산란기에 암컷은 몸에 황색을 띠지만 수컷은 진한 밤색을 띤다.

두우쟁이

분 포

우리나라에서는 임진강, 한강, 금강, 압록강 및 대동강에 분포하고 국외에서는 중국과 베트남 및 시베리아에 분포한다.

서식지

큰 하천 하류의 모래가 깔린 바닥 가까이에 산다.

형 태

몸은 가늘고 길며 거의 원통형에 가깝다. 머리는 약간 크고 낮다. 주둥이는 길며 그 앞끝은 둔하고 입은 주둥이 밑에 있으며 거의 수평이다. 입술은 위아래 모두 두껍고 피질 소돌기가 있다. 눈은 약간 크고 머리의 옆면 중앙보다 약간 뒤쪽 위에 있다. 등쪽은 청갈색이고, 배쪽은 은백색이다. 머리의 등쪽은 암갈색이고 아가미 뚜껑에는 삼각형 모양의 어두운 반점이 있다. 가슴지느러미, 배지느러미 및 뒷지느러미는 밝은 색이지만 등지느러미와 꼬리지느러미는 검은색이다.

모래주사

우리나라 고유종으로 섬진강과 낙동강에 분포한다.

하천 중상류의 유속이 다소 빠르고, 자갈과 모래가 많은 바닥 가까이에서 산다.

몸은 가늘고 길며 옆으로 약간 납작하고, 머리와 배쪽 앞가슴에는 비늘이 있다. 주둥이는 원추형으로 끝이 뾰족하며 입은 말굽 모양으로 주둥이 밑에 있다. 눈은 머리 옆면 중앙보다 약간 뒤쪽의 위에 있다. 등쪽은 청갈색이며 배쪽은 은백색이다. 뒷지느러미는 어두운 색이나 다른 지느러미는 작은 암갈색 반점이 있다. 살아 있을 때 체측에는 푸른색의 종대가 중앙에 있다.

287

잉어목

묵납자루

분 포

한강, 임진강, 대동강, 압록강, 성천 및 회양 등에 분포하는 한국 고유종
이다.

서식지

하천 흐름이 완만하거나 또는 여울과 여울이 이어진 곳의 모래, 진흙과
자갈이 섞인 곳에 주로 서식한다.

형 태

몸은 옆으로 납작하고 체고는 높다. 주둥이는 둥글고 등지느러미와 뒷지
느러미의 가장자리는 다른 납자루류에 비하여 둥글게 되어 있다. 온 몸은
검푸른 색을 띠는데, 등쪽은 더욱 짙고, 체측 아래쪽은 황색을 띠며, 배쪽
의 가장자리는 검게 보인다. 등지느러미와 뒷지느러미의 기부는 회갈색
이지만 중앙부는 노란색의 넓은 띠가 현저하고 가장자리는 흑갈색이다.

미호종개

분 포

우리나라의 고유종으로 금강 수계의 미호천과 금강의 인근 수역에만 분포한다. 근래 모래 채취 등으로 인하여 서식지가 크게 파괴되어 서식 밀도가 현저히 낮아지고 있으므로 보호가 요구된다.

서식지

유속이 완만하고 수심이 얕은 곳의 모래 속에 몸을 완전히 파묻고 생활한다.

형 태

몸의 중앙은 굵지만 앞쪽과 뒤쪽은 가늘고 길다. 머리는 옆으로 납작하다. 주둥이는 길고 끝이 뾰족하며 입은 주둥이의 밑에 있다. 입가의 수염은 3쌍이다. 눈은 작고 눈의 아래에는 끝이 둘로 갈라진 가시가 있다. 채색은 담황색 바탕에 갈색의 반점이 있는데 머리의 옆면에는 주둥이 끝에서 눈에 이르는 암갈색의 줄무늬가 있으며 등지느러미와 꼬리지느러미에는 3줄의 가로무늬가 있고 꼬리지느러미의 기부 위쪽에는 작은 흑색 반점이 있다.

임실납자루

분 포

섬진강 수계의 전북 임실군 관촌면과 신평면의 수역에서만 서식이 확인되었다. 한국 고유종이다.

서식지

수심이 얕고 물에 수초가 있는 곳에 서식한다.

형 태

등몸은 옆으로 매우 납작하고 방추형이다. 체고는 비교적 높고 등지느러미와 뒷지느러미는 바깥쪽으로 둥글게 되어 있다. 입가에는 1쌍의 수염이 있고 측선은 완전하며, 그 중앙은 아래쪽으로 약간 오목하게 되어 있다. 체측의 등쪽은 어둡고 체측 중앙은 갈색을 띤다. 복부는 황색 또는 무색이며 미병부도 갈색을 띤다. 등지느러미와 뒷지느러미의 기부는 담색의 넓은 띠가 있고 중앙에 폭이 넓은 흑색 띠가 있으며 가장자리는 역시 검은색 띠가 있다. 연조막에는 붉은색은 없고 노란색을 띤다. 산란기가 가까우면 수컷은 선홍색을 띤다.

293

흰수마자

낙동강, 금강, 임진강에 분포하는 한국 고유종이다.

바닥에 모래가 깔린 여울부에 산다.

몸은 약간 길고, 전반부는 굵지만 후반부는 가늘다. 머리는 대체로 위아래로 납작하고 배쪽은 편평하다. 입은 주둥이 밑에 있고 밑에서 보면 반원형이다. 턱은 아래쪽에 있고 입수염은 4쌍이며 모두 길고 희다. 등쪽은 암갈색을 띠고 배쪽은 밝은 색이다. 체측 중앙에는 동공 크기보다 약간 작은 검은 점이 5~6개가 일렬로 배열되고, 등쪽에도 몇 개의 검은 점이 있다.

꼬치동자개

분포

우리나라 고유종으로 낙동강에만 분포한다.

서식지

물이 맑고 바닥에 자갈이나 큰 돌이 있는 하천 상류에 서식하며 주로 밤에 수서곤충을 먹고 산다.

형태

몸통과 미병부는 측편되고 짧으며, 머리는 종편되었고, 몸에 비늘이 없다. 입은 주둥이 끝의 아랫면에 열리며 입수염은 4쌍으로 모두 길다. 눈은 비교적 크며, 머리의 옆면 위쪽에 치우친다. 몸은 담황색 바탕에 등과 몸의 옆면을 잇는 갈색 반문이 있는데 등지느러미의 기점 앞과 뒤, 그리고 기름지느러미 기부 뒤쪽과 꼬리지느러미 기부에서 노란색의 테가 둘러져 불연속적으로 나누어지며, 그 사이는 담색이다.

297

종어

분 포

우리나라에서는 대동강, 한강과 금강 하류에 분포하였으나 현재는 국내에서는 찾아보기가 어렵다. 국외에서는 중국에 분포한다.

서식지

큰 강 하류의 물이 탁하고 바닥에 모래와 진흙이 깔려 있는 곳에서 살며, 기수역에서도 살고 주로 낮에 활동한다.

형 태

몸은 길고 몸통은 옆으로 약간 납작하며 꼬리 부분은 옆으로 심하게 납작하다. 체고는 등지느러미의 기점에서 가장 높다. 머리는 위아래로 납작하고 머리의 배쪽은 편평하며, 주둥이는 현저하게 돌출되어 있다. 입은 주둥이의 밑에 있으며 거의 일자형이고 양쪽 끝만 뒤로 약간 구부러져 있다. 입수염은 4쌍으로 가늘고 짧으며 후비공 가까이 있는 수염이 가장 짧아서 안경의 1.5배이고 상악의 수염은 가장 길어서 안경의 4.5~5.0배이다. 눈은 대단히 작고 머리의 옆면 중앙보다 약간 위를 직선으로 달린다. 가슴지느러미 가시의 바깥쪽에는 톱니가 없고 매끄럽지만 안쪽에는 10여 개의 톱니가 있다. 등쪽은 진한 황갈색이고 배쪽은 회백색이다. 각 지느러미의 바깥쪽 가장자리는 흑갈색이다.

퉁사리

분 포

우리나라 고유종으로 금강의 중류지역, 웅천천, 만경강 및 영산강 상류 지역에 제한적으로 분포한다. 서식처의 파괴로 서식 밀도가 희귀하므로 보호해야 한다.

서식지

하천 중류의 유속이 다소 완만하고 자갈이 많은 곳에 서식하며 야간에 수서곤충을 먹고 산다.

형 태

몸은 약간 길고, 납작하며 꼬리는 옆으로 심하게 납작하다. 머리와 주둥이는 수평으로 납작하며 눈의 뒷부분은 볼록 튀어 나왔다. 퉁가리나 자가사리보다 퉁퉁한 편이다. 눈은 작으며 머리의 위쪽에 치우쳐 피막에 싸인다. 입은 주둥이 끝에 열리고 상악과 하악은 거의 같은 길이이며, 몸에는 비늘이 없다. 몸은 짙은 황갈색으로 전체적으로 균일하나 등쪽은 다소 짙고 배쪽은 담황색을 띤다. 배지느러미는 전체적으로 황색이지만 배지느러미 이외의 각 지느러미 가장자리는 담황색을 띤다.

한둑중개

분 포

우리나라에서는 두만강을 비롯하여 동해안으로 흐르는 하천의 하류에 서식하나 그 서식 밀도가 높지 않다. 일본과 연해주에도 분포한다.

서식지

여울부의 유속이 빠른 하천 하류의 돌이 많은 곳에 살며 주로 수서곤충을 먹는다.

형 태

몸은 약간 측편되어 있으나 유선형을 하고 있다. 머리는 약간 종편되어 있다. 전새개골의 제1극은 아주 작고 상후방으로 향하고 있으며, 두부와 하악면에는 피질돌기가 없다. 체색은 회갈색으로 머리는 아주 검고, 복부는 연한 황록색을 띤다. 몸의 옆면에는 밝은 둥근 반점이 많아 갈색의 선이 엉긴 것처럼 보인다. 꼬리지느러미는 황색을 띠며 약 4줄의 갈색 가로 무늬가 있고, 뒷지느러미는 흰색 바탕에 검은 점이 있다.

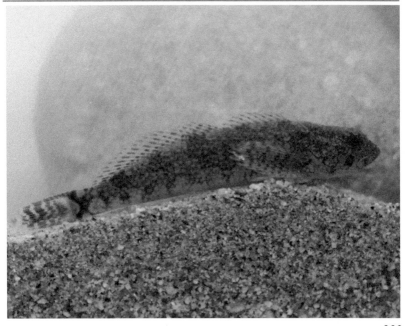

둑중개

분 포

우리나라에서는 압록강, 청천강, 두만강, 한강 최상류 지역, 금강과 만경강, 섬진강과 아무르강에 분포한다.

서식지

하천 상류의 유속이 매우 빠른 곳의 돌 밑에 숨어 살며, 주로 수서곤충을 먹고 산다.

형 태

몸은 약간 측편되어 있으나 유선형을 하고 있다. 머리는 약간 종편되어 있다. 상악과 하악의 길이는 거의 동일하다. 구개골에는 이빨이 없으나 악골과 서골에는 이빨이 있다. 배지느러미의 제일 안쪽 연조 길이는 매우 짧아 가장 긴 연조의 절반을 넘지 못한다. 체색은 녹갈색으로 등쪽은 짙고 복부는 거의 흰색에 가깝다. 몸의 옆면에는 체색보다 옅은 부분이 산재하여 둥근 반문이 있는 것처럼 보인다. 등지느러미의 극조부 앞쪽은 밝은 색으로 거의 투명하며, 극조부의 뒷부분 기저는 검지만 위 가장자리는 황색의 테가 둘린다. 등지느러미의 연조부는 가장자리가 불분명한 황색의 테로 둘리고 안쪽의 기조에는 검은 점이 점열한다. 꼬리지느러미는 황색을 띠며, 뒷지느러미는 옅은 황색을 띠나 반점은 없다. 배지느러미에는 흰 점이 산재한다.

칠성장어

분 포

국내에서는 주로 동해안으로 유입되는 하천에 분포하고 낙동강에도 서식
한다. 일본과 시베리아 흑룡강 수계, 사할린, 북미 등지에 분포한다.

서식지

바다에서 성장한 후 5~6월에는 강으로 올라와서 여름에 산란한다. 유생
은 강 바닥의 진흙 속에 살면서 그 곳에 섞인 유기물을 걸러 먹는다. 유
생은 몸이 가늘고 길다. 유생 기간은 4년으로 9~17cm 까지 자란 후 가
을에서 겨울에 걸쳐 변태 후, 이듬해 5~6월에 바다에 내려가 2년간 생활
한다.

형 태

몸은 뱀장어 모양으로 짝지느러미가 없고, 눈 뒤에는 7쌍의 새공이 있다.
비공은 머리 등쪽에 있고 구강과 연결되어 있지 않다. 새공은 체측에 열
려져 있고, 그 안은 식도 밑으로 통하는 새관에 이어져 있다. 턱은 없고
입은 흡반 모양으로 입 주변에 돌기가 있다. 등쪽은 옅은 청색을 띤 진한
갈색이고 배쪽은 무색이다. 꼬리지느러미 가장자리는 갈색이나 검은색으
로 색소가 심하게 침적되어 있고 제2등지느러미는 희미하다.

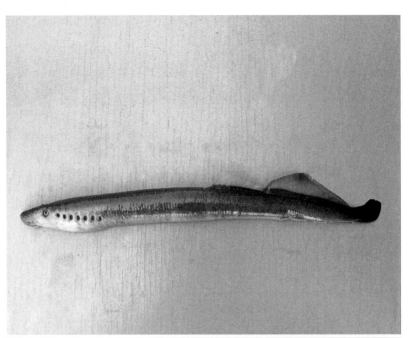

용어설명

• **강하형(降河型 catadromous form)**
민물에서 성장하면서 살다가 바다로 내려가 산란을 하는 생활형. 예) 뱀장어

• **고유종(固有種 endemic species)**
지리적으로 일정한 곳에만 분포하고 원래부터 그 곳에서 서식하는 종

• **골질반(骨質盤 lamina circularis)**
미꾸리과 어류에서만 볼 수 있는 특징으로 수컷 가슴지느러미 제 2기조가 두꺼워지고 그 기부가 팽대되어 있는 뼈의 구조를 말하는 것으로 이 구조는 미꾸리과 어류 분류의 중요한 형질이다.

• **경린(硬鱗 ganoid scale)**
경골어류의 철갑상어류에서 볼 수 있는 마름모형의 비늘.

• **극조(棘條 spinous ray)**
지느러미를 구성하는 기조의 일종으로 가시처럼 딱딱하고 마디가 없다.

• **기수(汽水 brackish water)**
강의 하류에서 민물과 바닷물이 혼합되는 수역의 물

• **기조(fin ray)**
지느러미 막을 지지하는 막대모양의 골격 구조로 연골, 경골 혹은 콜라겐과 같은 물질로 되어있다.

다

• **두장(頭長 head length)**
물고기 주둥이 앞 끝에서 아가미 뚜껑(새개) 말단까지의 길이

마

• **모식표본(模式標本 type specimen)**
신종을 기재할 때 사용되는 선택된 개체의 표본

바

• **분류군(分類群 taxon)**
분류계급(종, 속, 과 등)의 어느 한 단계에 해당되면서 실제로 존재하는 생물의 집단. 잉어과, 납자루속

사

• **새개부(蓋部 opercular region)**
아가미 바깥부분을 덮고있는 아가미 뚜껑뼈와 아가미막이 차지하는 부분

• **성적이형(性的二型 sex dimorphism)**
자웅이체인 동물인 경우 암·수 개체의 외부 형태가 완전히 구분되어 나타나는 현상

• **소하형(溯河型 anadromous form)**
민물 수역에서 산란 부화한 후 바다에 내려가 성장한 후 산란하기 위하여 다시 강으로 올라오는 생활형. 예) 연어

아

• **아종(亞種 subspecies)**
넓은 분포범위를 가진 동일한 종내에서 지리적으로 구분되는 집단이 형태적으로도 구별되는 집단

- 안경(眼徑 eye diameter)
눈의 최대 수평직경

- 양안간격(兩眼間隔 interorbital width)
양쪽 두 눈 사이의 가장 짧은 거리

- 어도(魚道 fish way)
하천에 어류 이동이 곤란하거나 불가능하게 하는 장애물이 있을 경우 어류의 이동을 원활하도록 만들어진 수로 또는 장치이다.

- 어류상(魚類相 fish fauna)
어느 일정한 지역에 서식하는 어류 종류 전체를 나타내는 용어

- 연안(沿岸 coast)
수심 200m보다 얕은 바다로 육지에 연접한 수역

- 연조(軟條 soft ray)
지느러미 막을 지지하는 기조의 일종으로 부드러운 마디를 가진다.

- 원기재(原記載 original description)
분류학적으로 종이나 속을 처음으로 정해서 발표할 때 모식 표본의 특징을 정리하거나 비교한 문헌적인 기록

- 원린(圓鱗 cycloid scale)
대부분의 원시적인 경골어류가 지닌 둥글거나 난형의 비늘로 성장선이 있어 연령을 조사하는데도 이용한다.

- 웨베르장치(weberian apparatus)
잉어목과 메기목 어류의 처음 4개의 척추골이 변형된 구조로 소리전달에 관여하는 기관이다.

- 유관표(有管 physostomous air bladder)

소화관과 부레사이에 연결된 가느다란 관으로 원시적인 경골어류에서 볼 수 있다.

- 유문수(幽門垂 pyloric ceca)
위의 유문부에 막대기 모양으로 돌출한 맹관으로 연어과 어류에서는 분류형질로 이용된다.

- 육봉형(陸封型 land-lock form)
해수와 담수를 왕래하는 종이 담수에 적응하여 일생을 담수에서만 사는 생활형이다.

- 자어(仔魚 larva)
부화 후부터 지느러미 기조수가 정수로 나타나는 시기까지 기간의 어린 새끼 고기. 이 기간 중 부화 직후에서 난황 흡수를 마칠 때까지의 시기를 전기 자어(pre-larva stage)라 하고, 난황 흡수 직후부터 지느러미 기조가 정수로 될 때까지의 시기를 후기 자어(post larva stage) 라고 한다.

- 자연형 하천(自然型河川)
홍수조절과 같은 치수를 위하여 콘크리트 등의 인공재료를 이용하여 일직선으로 만들었던 도시하천을 자연상태와 가깝도록 하천의 다양한 생물과 그들의 환경을 되살리는 정비된 하천을 말한다. 하천의 생태적 기능을 살려 수질을 개선하는데 목적이 있다.

자

- 전장(全長 total length)
주둥이 앞 끝에서부터 꼬리지느러미 말단까지의 가장 긴 길이

- 종(種 species)
분류의 기본단위로 일정한 형태, 생태 및 유전적 특징을 가지면서도 다른 종과는 생식적으로 격리된

집단

- 종대반문(縱帶斑紋 longitudinal 혹은 stripe band)
몸 앞뒤의 길이에 따라 길게 이어지는 반문

- 종편(縱扁 depressed form)
몸 단면의 좌우방향의 길이가 상하의 길이보다도
길게 나타나는 체형으로 위에서 보면 넓적하게 보
인다. 바닥에 사는 저서성 어류에 많이 나타난다.

- 즐린(櫛鱗 ctenoid scale)
고등한 경골어류에서 볼 수 있는 비늘로 비늘 뒤쪽
에 작은 가시 모양의 돌기를 가지고 있어 잘 구분되
나 어떤 종류는 그 가시가 미소해서 구분이 잘 되지
않는 경우도 있다.

- 짝지느러미(paired fin)
좌우 한 쌍을 지니고 있는 지느러미로 가슴지느러
미와 배지느러미가 있다.

차

- 척색(脊索 notochord)
대체로 척색동물의 생활사 초기 어린 배의 신경관
과 소화관 사이에 길게 뻗어있는 세포성 긴 막대모
양의 지지기관

- 추성(追星 nuptial tubercles)
잉어과 어류의 2차 성징으로 생식시기 수컷의 대부
분의 머리와 지느러미 그리고 몸 피부 표피가 두껍
게 되어 사마귀처럼 돌출되는 돌기

- 체고(體高 body depth)
몸통부에서 가장 높게 나타나는 부분

- 체장(體長 body or standard length)

물고기 주둥이 앞 끝에서부터 꼬리지느러미 기부까
지의 길이

- 측편(側扁 compressed form)
몸 단면의 좌우 길이가 상하 길이보다 짧은 체형으
로 앞에서 보면 위아래로 납작하다.

- 치어(稚魚 young fish)
후기 자어기 이후부터 성어기 (반문과 색체에 나타
나는 특징을 지닌 시기) 이전까지의 어린 물고기

하

- 학명(學名 scientific name)
국제적으로 통용하는 라틴어로 표기된 생물의 이름
으로 속명 이상 의 분류군은 1개의 단어로 쓰고, 종
명은 속명과 종소명의 2개 단어로, 그리고 아종명은
속명, 종소명, 아종명의 3개 단어로 표기한다.

- 혼인색(婚姻色 nuptial colour)
물고기의 생식시기에는 피부에 현란한 색이 나타나
는 체색을 말하는데, 수컷에 더 현저하다.

- 홑지느러미(unpaired fin)
한 개만 있는 지느러미로 등지느러미, 꼬리지느러
미, 뒷지느러미를 지칭한다.

- 횡반문(橫斑紋 cross band)
체측의 등쪽으로부터 배쪽까지 수직 방향으로 길게
내려진 반문

- 흡반(吸盤 sucker)
몸의 일부가 둥글게 변형되어 다른 물체나 생물체
에 부착하는 장치로 원구류는 입, 그리고 망둑어과
어류는 배지느러미가 흡반으로 변형되었다.

우리 강 · 호수 민물고기 도감

1판 1쇄 발행 2019년 05월 10일
1판 2쇄 발행 2022년 10월 20일
엮은이   장호일
펴낸이   이범만
발행처   **21세기사**
등 록   제406-2004-00015호
주 소   경기도 파주시 산남로 72-16 (10882)
전화 031)942-7861 팩스 031)942-7864
홈페이지   www.21cbook.co.kr
e-mail   21cbook@naver.com
ISBN 978-89-8468-834-6

정가 18,000원